网络安全与决策：
数据安全与数字信任

[法] 玛丽·德·弗雷明维尔（Marie de Fréminville）著
郭拓荒 侯 瑞 于晓娟 译

机械工业出版社
CHINA MACHINE PRESS

本书系统介绍了在网络信息时代，无论企业、行政部门、公共服务部门，甚至是国家基础设施、防务或情报部门，在网络安全、数据安全和数字信任方面都将面临前所未有的规则和法律风险挑战。公司网络安全，已经成为和公司财务业绩一样需要优先考虑的事项，所有利益攸关方都需要适应网络信息时代的规则，包括选择董事会应该坚持的原则等问题。

本书主要内容包括：网络犯罪的概念、类别，以及网络安全市场和网络安全典型案例和场景；公司治理和各利益相关方应该承担的责任、面对的网络风险及如何应对等；对于网络安全危机的适应力及危机可能的发生发展机制，如何进行治理和应对的方法、思路和策略等。

本书可供关注网络安全的高级决策部门、企业管理者、行政部门、公共服务部门或国家基础设施运维机构、国家防务或情报部门人员，以及从事网络安全研究的高校和研究机构从业者阅读、参考。

图书在版编目（CIP）数据

网络安全与决策：数据安全与数字信任 /（法）玛丽·德·弗雷明维尔著；郭拓荒，侯瑞，于晓娟译.
北京：机械工业出版社，2025．3．-- ISBN 978-7-111-77289-7

Ⅰ. TN915.08

中国国家版本馆 CIP 数据核字第 2025XD1816 号

机械工业出版社（北京市百万庄大街 22 号　邮政编码 100037）

策划编辑：付承桂　　责任编辑：付承桂　舒　宜

责任校对：梁　园　王　延　　封面设计：马若濛

责任印制：常天培

固安县铭成印刷有限公司印刷

2025 年 3 月第 1 版第 1 次印刷

169mm × 239mm · 11.25 印张 · 156 千字

标准书号：ISBN 978-7-111-77289-7

定价：99.00 元

电话服务	网络服务
客服电话：010-88361066	机　工　官　网：www.cmpbook.com
010-88379833	机　工　官　博：weibo.com/cmp1952
010-68326294	金　　书　　网：www.golden-book.com
封底无防伪标均为盗版	机工教育服务网：www.cmpedu.com

推荐序一

网络安全这一曾经看似遥远的话题，已经成为国家安全和个人隐私无法回避的核心话题，自然也是企业治理体系中不可或缺的一环。面对日益脆弱的世界，数据安全成为网络安全的重心，而且在某种意义上说，数据安全的影响范围已经超越了网络安全。在大数据应用如此广泛的今天，数据安全将成为数字化时代大数据开发利用的最大瓶颈，将直接影响业务安全乃至国家安全，关系到数据垄断、数据出境安全、个人信息保护。无论对企业、政府还是普通用户来说，数据都是核心的生产要素，也是驱动业务的关键。

以网络和系统为中心的网络安全观念，未来一定会向以数据为中心转变，因为网络和系统的安全，不一定能保证数据安全，数据安全已经不能简单依靠网络安全来实现了。正因为传统安全无法应对数据安全新挑战，从企业决策者的角度，如何未雨绸缪构建数据安全的防护能力，就成为确保数据安全最重要的实现途径，这正是本书所倡导的理念对于现代企业的重要意义所在。

也许这就是英雄所见略同吧，我们360政企安全集团，基于20年网络攻防经验，正在推动构建“国家级服务能力 + 新战法 + 新一代能力框架”。国家级服务能力涵盖安全数据、算力、知识、专家、情报等多方面的网络安全技术、产品和能力；新战法是指在实践能力基础上，360总结出一套适应数字化转型和大安全挑战的新战法：顶层设计、数据制胜、安全基建、攻防兼备、以人为本、运营为王、服务赋能、生态共建；基于这套新战法，以体系化思路将安全体系与数字体系融合、攻防能力与管控能力融合，构建出真正面向数字化的新一代能力框架。

360 新一代安全能力框架是一个能力完备、可运营、可成长的数字安全体系。在云端安全服务的赋能下，安全大脑承担起安全框架神经中枢的角色，用数据连通碎片化的安全产品；通过集中建设各种网络安全基础设施，由安全专家持续运营使安全能力不断成长，最后像提供水、电、气一样为网络安全基础赋能。在安全危机四伏的数字化时代，360 能力框架将为政府机关、企事业单位赋能，发展自身长期有效的安全能力，以实现筑牢数据安全防线和应对未知挑战。360 政企安全集团有责任也有义务和众多政府机关、企事业单位一同落实《数据安全法》等相关法律法规，保障数据安全，促进数据开发利用，为维护国家主权、安全和经济发展持续贡献力量。

在郭拓荒教授翻译的《网络安全与决策：数据安全与数字信任》即将出版之际，以一名中国互联网企业早期的创始人和当前国内最大网络安全企业之一的决策者的身份，就数据安全和数字信任，在现代企业治理体系中无可替代的作用讲一点自己的感受，作为本书的推荐序。

全国政协委员

360 集团创始人兼 CEO

周鸿祎

推荐序二

国防大学郭拓荒教授主持翻译的《网络安全与决策：数据安全与数字信任》一书即将出版，本书是一本从机构治理视角着眼的专著，其重点在于面向企业决策者和治理层，如何将网络安全工作纳入到现代企业治理体系和决策机制当中。本书获得了 FIC（国际网络安全论坛）和欧洲网络安全周颁发的网络安全图书奖项。

将网络安全工作融入到企业治理架构中和决策体系中，是企业治理现代化的一项重要工作，正是我国的企业迫切需要提升和改进的。长期以来，国内的网络安全投入始终与信息化投入绑定在一起。这种典型的成本导向的思维方式，已经高度不适应这个充满网络安全威胁的世界。网络安全的威胁风险正在随着数字经济的规模同样加速膨胀。据国际调研机构 Cybersecurity Ventures 发布的《2023 年网络犯罪报告》，“2024 年网络犯罪将给全世界造成 9.5 万亿美元的损失。如果以国家经济体量比较，2024 年网络犯罪造成的损失相当于仅次于美国和中国的世界第三大经济体的规模。”值得警惕的是，攻击者已经基于被攻击方的业务价值作为度量衡，构建网络犯罪的“商业”逻辑。臭名昭著的 RaaS（勒索即服务）攻击组织 LockBit 提出了一个勒索赎金原则：对企业年收入不超过 1 亿美元的，赎金在 3% 到 10% 之间；年收入 1 亿 ~ 10 亿美元之间的，赎金在 0.5% 至 5% 之间。这个反面例证恰恰说明，网络安全投入保障的远不是信息化固定资产投入，而是企业的全局数字资产和运营价值。决策者只有构建起这样的风险认知，才能深入理解网络安全投入。这也是作者以“日益脆弱的世界”作为本书首章标题的原因。

本书的特别价值无疑源于作者丰富的职业履历和禀赋。作者玛丽·德·弗雷明维尔女士早期在房地产领域中小企业从事财务工作，成为企业董事。后加入了空客公司，曾担任空客的子公司的风控负责人，并成为空客多家子公司的董事。她于2017年创业，成立了一家专门从事治理、财务和网络安全的咨询公司。这也使她接触了更多的企业管理层，开展高级职员和董事的数字责任、个人和战略数据保护、GDPR/FADP合规性和网络风险等方面的经验研讨。用通俗的语言来说，她既能落地（房地产），也能上天（航空业）；既打过工，也当过老板；既做过甲方（用户单位），也做过乙方（网安咨询公司）。这些丰富的职业履历，让她与一般的合规咨询者不同，她能够就如何保障企业发展的角度，看待风险，规避风险，以及积极主动地应对风险，而非简单的合规免责。根据检索到的媒体访谈，玛丽女士有航海的爱好，她将企业面临风险与合规治理视为“在暴风雨中航行”。她将董事会的组建比喻成“在横渡大西洋的船上，组建一个懂得航海的水手团队的过程”。这让她成为一个具有典型的治理架构师禀赋的领导者和咨询顾问。

本书的背景也源自欧洲在网络空间治理中的地缘特点。在经历工业革命、殖民掠夺、两次世界大战的洗礼后，西欧国家击鼓传花的霸权领导位置最终被美国替代，但沉淀下了相对发达而成熟的社会治理水平。而在网络空间，特别是产业体系上，欧洲则处在一个非常尴尬的位置。它在信息产业领域中，虽然有部分老牌企业和细分领域冠军，但基本都接受了美国主导的国际分工体系，部分企业位于全球产业链偏上游的部分关键位置，但并不在金字塔的最顶端，而且反复遭受美国长臂管辖的干扰。而其网络安全产业则有些无奈而悲凉。在美国产业与资本力量的联合绞杀下，许多我当年耳熟能详的信息安全企业，如熟透的苹果，纷纷坠落到美国资本和寡头企业的怀抱。因此当很多业内人士以为类似GDPR这样近乎苛刻的合规标准是欧盟对产业发展自我束缚的时候，其实本质原因恰恰在于，二战后的多数欧洲国家失去了独立的自我主导能力。缺少国家主权保障的产业水土，使欧洲国家无法在互联网、信息化和网络安全构建起完整自主的产业支撑力量。但也因此，合规成为欧盟在互联网领域，面对美国信息复合体的信息攫取所能设定的几乎是最后的防火墙。至少这比法国公司尝试向谷歌公司收取“文化税”，显得更具有章法。陈述这些，并不是嘲讽贬低欧洲的同行，而是说明也正因为此，对数字世界的欧洲，合规成为其最后的堡垒。因此，堡垒的运营者们自会有其独特的体系和洞见。而这些体系和洞见叠加在其悠久和成熟的企业治理传统上，所形成的方法体系，是高度值得中国企业学习和借鉴的。

中国的网络安全产业赛道门类齐全，能力基本面齐备。初步形成了保障国家安全和数字经济的产业支撑能力。但从各政企机构实际防护效果来看，参差不齐，有很多机构还处于无效防护或防护缺失的状态。其中一个重要原因，就是缺少系统、深度、刚性的网络安全需求。要改变这个问题，既要有国家政策引导，也需要网络安全企业创新努力，同时，还需要政企机构的领导者将网络安全作为重要的工作层面，融入到政企机构的运行和治理体系当中。让企业从管理层到治理层都认识到，有效的网络安全规划、建设、投入和运营是对企业发展的基本保障和潜在增益。

中国指挥与控制学会网络空间安全专业委员会副主任

安天实验室首席技术架构师

原书序

董事和高管如今是网络安全问题的核心，这既是我在2005年创办首批网络安全公司并与许多高管会面时获得的经验，也是我作为一家安防公司董事长的信念。我的公司特别容易受到网络安全风险的影响，同时也最热衷于积极发展新的保护策略。

让我们将专业知识作为驱动力，使我们公司和法国成为与众不同的安全营商之地。这就是玛丽·德·弗雷明维尔写这本书的全部意义所在。

这本书汇集了专家和企业管理者之间、行业主管部门和工业从业者之间五年的沟通和交流。这些使我们坚信，网络安全问题不能仅局限于极客的圈子，它已经成为一个真正的经济韧性问题。

这个问题显然要广泛得多，公司治理必须从各个方面去把握这个尺度，以解决扩展业务战略的脆弱性、客户保护、人力资源问题、基础设施发展、保险政策、危机管理等问题。

公司管理层及其董事会不仅必须意识到这一点，还必须根据各自的职责采取行动，以便建立必要的组织、风险管理及公司保护系统。这本书的这种“对良知的呼唤”必然引起读者的共鸣，并希望读者从中找到合适的解决方案。这本书为读者提供了可能的解决方案，并提示了读者在做出决定时要考虑的风险。

正如人们在交接班时所说的：现在该你来认真应对了……

法国海军集团总裁兼首席执行官

埃尔韦·吉鲁（Hervé Guillou）

原书前言

我参加的巴黎高等商学院（HEC）管理委员会组织的圆桌会议，以及瑞士女董事协会组织的研讨会是本书出版的起点。本书面向决策者：公司、公共组织、基金会或协会的经理和董事。

保护公司的战略数据和信息系统是公司内外运营和职能部门的董事、高管及公司决策者的责任。

以下圆桌会议中各发言者的评论已被纳入本书：

（1）2016年10月，“理解和预防网络风险：优先事项”。

埃尔韦·吉鲁，法国海军集团总裁兼首席执行官。

阿兰·朱伊莱特，法国对外安全总局局长，国家安全局经济情报高级经理，兼企业安全和改革指导者俱乐部主席。

纪尧姆·波帕德，法国国家网络安全局局长。

阿兰·布伊利，信息和数字安全专家俱乐部主席。

亚历山大·蒙泰，国际企业运动（METI）秘书长。

（2）2017年6月，“网络风险：需要治理的主题”。

伊夫·比戈，TV5 Monde总经理。

布里吉特·布科特，企业风险管理和保证协会主席。

弗雷德里克·杜泽特，巴黎第八大学法国地缘政治研究所（IFG）教授、Castex网络战略主席。

索兰吉·格纳尔努蒂，洛桑大学信息安全教授兼瑞士网络安全咨询和研究小组主任。

菲利普·盖拉德，法国安盛公司技术和网络风险总监。

阿兰·罗比奇，德勤合作伙伴企业风险和服务部（信息系统安全）。

（3）2018 年 12 月，“网络犯罪与个人数据保护：董事会和经理有哪些好的做法”。

伊莎贝尔·福尔克·皮埃罗廷，自 2011 年起担任法国国家信息自由委员会（CNIL）主席，2017 年当选世界数据保护和隐私专员会议主席。

菲利普·卡斯塔涅克，马扎尔斯管理委员会主席。马扎尔斯管理委员会是一个国际性、综合性和独立的组织，专门从事审计、咨询和会计、税务和法律服务。

安尼克·林林格，安全和企业董事俱乐部执行董事、Cercle K2 创始人和哈克学院董事会成员。

伊莱恩·鲁耶，独立董事、审计委员会主席兼罗格朗薪酬委员会成员，Vigéo Eiris 独立董事。

我要感谢所有这些发言者的贡献和支持，以及马克·特里布雷特（我在巴黎高等商学院管理委员会的队友，我与他一起发起了这一系列圆桌会议）。

我在为空客集团子公司的董事和经理开展培训、为上述会议开展工作，以及在这些圆桌会议期间的交流中，得到了过去五年开展的研究工作的补充，这些工作包括参与工作组（例如瑞士的网络安全战略）、支持网络安全领域的几个初创公司、实施培训，在 HEC 和瑞士管理大学以及公司或服务提供商发表演讲，介绍风险摸底的实施，定义和部署措施以提高对《通用数据保护条例》（GDPR）[㊀] 的遵守，以及通过公司、协会、基金会和公共机构实施网络计划。

玛丽·德·弗雷明维尔

2019 年 12 月

㊀《通用数据保护条例》（General Data Protection Regulation，GDPR），是欧盟于 2018 年 5 月 25 日出台的条例。

目 录

绪论

金融和网络绩效

为什么不像评估财务和非财务绩效（治理和企业社会责任）一样评估公司的网络绩效？为什么不像通过审计师认证财务业绩一样认证公司的网络业绩？对于一定规模的公司，审计师的干预是强制性的吗？

尽管取得了一些进展，但绝大多数股东、董事和管理者主要对公司的财务表现出浓厚兴趣。

然而，数字时代正在给公司及其生态系统带来剧变。事实上，“全数字化”关系到所有利益相关者、行政部门、公共服务部门、基础设施、国防和情报部门。

我们正处于一个提供了重要的机会，但伴随着脆弱性和重大风险来源的阶段，特别是因为网络威胁行为者变得越来越专业，并拥有大量资源来进行诈骗、网络入侵和破坏。

公司面临的风险是系统性的：如果股东不了解数据安全和信息系统保护的质量，则股东将面临财务风险，如果不能确保高水平网络安全的组织、程序和工具到位，负责制定公司战略并确保其可持续性的董事则可能面临法律风险。

没有零风险这回事，但如果在公司的网络安全领域不采取行动，使网络攻击对公司的正常运作、盈利能力和声誉产生重大影响，那么董事会将难辞其咎。

因此，财务业绩不应再是唯一的优先事项。现在，财务表现和网络表现应该是公司治理机构优先考虑的两个事项。

因此，我们是否应该重新定义国家指定的治理机构，即其权限、职能、议程和伙伴？

几十年来，我们一直在科技海啸中艰难前行：

20 世纪 70 年代：主机。

20 世纪 80 年代：个人计算机和客户机 / 服务器。

20 世纪 90 年代：互联网和电子商务。

2000—2010 年：移动通信和云。

2010—2020 年：物联网与人工智能。

2020—2030 年：量子计算和区块链。

数字世界是无国界和非物质的，威胁是无形的。

数字和相关的新技术正在改变公司的运营方式和商业模式。

主要的网络风险是工业或商业流程出现故障的风险、金融风险及大量机密信息（如战略信息、个人信息）丢失的风险，这些信息影响到不同的部门：医院、自动驾驶汽车、银行、电信运营商、能源等，会给人类带来潜在的后果。

美国国家档案和记录管理局 2018 年在全美进行的一项研究显示，在丢失数据超过 10 天以上的公司中，有 93% 的公司在数据丢失的当年宣布破产，有一半以上的公司在遭受网络攻击后立即申请破产。

问题不是“我们什么时候会被攻击”，而是“在发生攻击时，我们能做些什么来尽可能地保护公司，以及我们能做些什么来尽快恢复系统？”

网络风险是公司和个人组织必不可少的一部分（每个人都认为是独立的，也是组织的一部分），网络风险不仅是技术风险。

人是整个安全链中最弱（也是最强）的一环。

本书不针对工具（硬件、软件、服务器、架构），而是针对组织、流程和行为。没有这些，公司就无法提高其性能、安全性、事件或危机管理水平及弹性。

本书涉及公司如何履行数字责任，并保持或提高利益相关者（客户、供应商、合作伙伴和投资者）的信任度。

仅在 30 年前，我经历了个人计算机的到来（计算机和文字处理已问世，但公司并不配备计算机）、财务运营的数字化（会计、成本会计、银行关系和现金管理、纳税申报、报告工具、会计和管理合并、与客户和供应商的财务关系），以及人力资源管理的数字化（工资单、社会申报、招聘、培训）、内部和外部沟通，特别是随着社交网络的到来，生产（连接工厂和扩展公司）、营销和销售，当然还有物流。

现在，所有公司职能部门及公司与所有利益相关方的关系，都受到关注，如客户、供应商、服务提供商、分包商、股东（个人投资者、投资基金）、董事会、审计师、员工、子公司、代理顾问（对公司在股东大会提出的建议公平发表评论）。

公司是完全数字化的：它们的数据、运营、账户、流程都是无形的；它们内部和外部的沟通，它们的产品是相互连接的。组织和工作习惯已经改变，技能已经进化，工具已经转变，文档和人员的分类有时（也许经常）被遗忘了。

感谢超快速的通信手段，企业得以国际化。我们可以与街对面的公司、在美国或中国的公司交谈——只有时差是不可压缩的。

公司与其客户、供应商、员工、股东、子公司等共享数据。数字环境为公司提供了创造新业务、新产品和服务新客户的机会，以优化其组织、降低其成本、改善其内部和外部流程，还为公司业务部门提供供应商、服务商、分包商、投资者和客户。

对于公司的评判主要取决于公司自身的财务表现：账目、业绩、资产负债率、现金状况、股票价格、发展和盈利潜力、非财务表现（如社会和环境效益），但是……

它们的网络表现如何？数据治理、数据安全：完整性、保密性和可用性，保护它们收集、使用和存档的个人数据，保护允许交换、存储和修改这些数据的计算机系统。

一家公司可能在财务上是成功的，但若其信息技术系统或数字安全失败，将会严重影响其销售或生产、向供应商付款、与分包商交换的能力，从而降低其财务业绩、声誉，以及股东和利益相关方的信心。

网络风险不是公司少数专家的特权，但是它会影响整体管理。除了有关数据安全的监管义务之外，这是一个保护公司免受价值损失风险的问题，例如与机密信息的传播有关。

“所有连接，所有承诺，所有责任”是法国国家网络安全局总干事 Guillaume Poupard 在“FIC 2019”[㊀] 上传达的口号，这对个人或组织（如董事会、执行委员会和所有团队）均适用。

大国之间的贸易战比网络战更受媒体关注。网络战是一种被国家、犯罪组织或公司（窃取信息）广泛使用的武器。此外，21 世纪围绕数据构建价值的数字经济，数据收集是核心。这种经济目前由美国和中国的互联网巨头主导。最后，网络犯罪分子利用了数字工具的许多漏洞，如组织结构不匹配、方法未更新，以及合作者未接受培训而产生的人为漏洞。

公司将网络攻击事件公开后，有可能面临破产风险。因此，很多公司高管和董事不愿意向外界公布网络攻击事件。然而，沉默是最大的障碍。

㊀ 第 11 届国际网络安全论坛（FIC）。

第1章 日益脆弱的世界

1.1 背景

1.1.1 技术冲击和全球化

技术冲击本质上大多是数字化的：自动化知识、物联网、先进的机器人技术、3D 打印、云计算（85% 的公司将数据存储在云中，这种做法越来越普遍了）、移动互联网及自动驾驶汽车。

直到 2011 年，数字风险或网络风险才出现在世界经济论坛的主要风险名单中。

2019 年世界经济论坛的研究表明，技术将在未来十年的风险版图中发挥根本性作用，包括数据盗窃（个人数据、来自公司或公共组织和政府的数据）、身份窃取和网络攻击，以及致命的系统漏洞（bug）。例如，波音 737 MAX 坠机事件发生后，《华盛顿邮报》报道，有人在该型号飞机的飞行系统中发现了几个缺陷。埃塞俄比亚航空公司坠机事故的初步调查报告显示，这起事故主要因为 MCAS 失速保护系统的故障。在该事故五个月前，该系统的故障在狮航坠机事故中已经被确认。不仅探测器发送的信息不正确，飞行员也无法控制飞机。

这起事故表明技术或数字故障风险是客观存在的，必须由独立权威机构对其进行测试和认证。它还表明，数字事故不一定是网络攻击所致，还有可能是编程、人机链接、流程、组织等环节人为失误造成的：工具往往是个合适的借口。网络空间由计算机设备（计算机、网络、连接对象、服务器、打印机、路由器等）、软件、应用程序、信息系统，以及通过数字工具交换或存储的所有信息组成。无论对国家、公司还是公民来说，正是联系和流动的发展使安全问题成为主要问题（见图 1.1）。

数字化转型是否影响了您所在公司的信息系统安全?

98 %

98%的受访者认为数字化转型给其所在
公司信息系统安全带来了影响

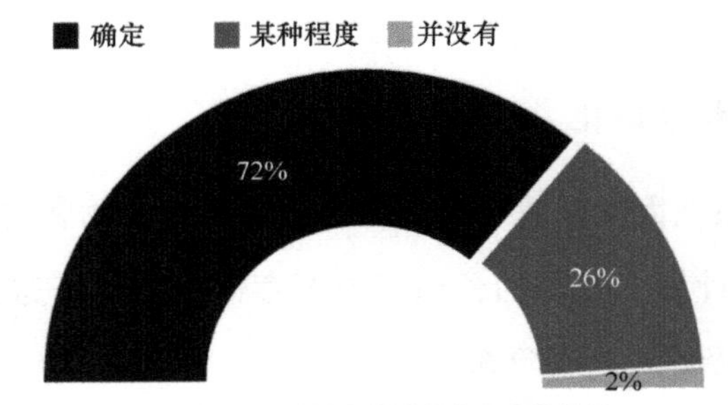

对比2018年1月份的调查结果，并没有统计学意义上的差异

图 1.1　数字化转型对所有公司信息系统安全的影响

来源：CESIN[㊀] 群体调查（174 名受访者）。

有关此图的彩色版本，请参见 www.iste.co.uk/defreminville/cybersecurity.zip。

一些技术上的黑点是数据泄露的根源：

——完全分散的互联网结构，基于大量不同的网络。

——IP 地址和域名的体系结构。

——设备的“后门”。

——电信运营商服务设计中的违规行为。

——软件和设备的加密工具的不足。

1.1.2　数据是工业生产力的核心

公司业务发展借助行业技术 4.0——企业资源规划（ERP）、客户关系管理

㊀ 法国信息和数字安全专家俱乐部。

（CRM）、3D 打印，借助数字营销技术——网站、cookies、标签管理，或者借助互联产品和安全摄像头。数据已成为活动的核心。许多数据是由不同部门收集并记录在计算机系统和软件中的，而公司并不详细了解数据流和映射。

了解数据流的地理位置并掌握数据，对公司的竞争力及防御能力是根本的战略挑战。

可靠的信息和数字身份验证对于公司、用户和信息技术服务提供商，都至关重要。

1.1.3　网络空间，一个没有边界的领域

黑客很难被识别，因为在攻击者和目标之间存在真正的不对称：攻击者尽管资源很少，但往往拥有许多有效的武器；目标虽然拥有更多的资源，但是不能保证防御万无一失。

网络安全关乎每个国家、公司和公民的安全和数字主权。它具有重大的政治、经济和社会重要性，因此必须从不同角度加以解决，如教育、法律和监管、社会、技术、军事、组织、个人和集体（国家和国际）。

一些攻击的后果可能非常严重。例如，2016 年 4—5 月对 SWIFT 银行间网络的攻击导致孟加拉国数千万美元被欺诈性挪用；2016 年 10 月 21 日对 Dyn 服务器（一种允许动态 IP 地址的用户访问域名的服务）的拒绝服务攻击使美国部分互联网网络瘫痪长达数小时，并严重扰乱了相关经济活动。

1.1.4　信息技术资源

全面了解信息技术工具（硬件、软件、网络），对公司来说是结构性的挑战：近几十年来，风险较低时，它们开发和管理信息技术基础设施的方式往往是零碎和孤立的，使其更难在全球范围内自我监督，这对有效的网络安全管理至关重要。

1.2 网络犯罪

1.2.1 网络犯罪的概念

简言之，网络犯罪是新技术背景下的犯罪行为。我们同时探讨的另一个概念是计算机欺诈。网络犯罪包括准备或执行涉及电子数据处理系统的所有犯罪，如破坏、间谍活动和数据拦截等。除此之外，网络犯罪还包括非法获取隐私、个人信息或敏感信息。

网络空间提供了犯罪机会。数字服务和基础设施是通往罪恶意图的大门，任何接入网络的设备都可能被黑客攻击，很有必要确保实体安全和网络安全之间的无缝衔接。

至于计算机攻击或网络攻击，各大洲的媒体每个星期都会在各个活动领域（工业、银行、医院、酒店、在线销售等）披露新的案例。这些案例涵盖各类公司，从初创公司到大型上市集团，任何其他实体如协会、基金会、市政厅、公共管理部门和基础设施，甚至是接入网络的任何实体（监控摄像头、心脏起搏器、儿童玩具）。被媒体披露的也只是冰山一角。而公司方面，则基本对此选择缄默，这是可以理解的：它们都不想暴露自己的弱点，尤其是网络弱点。

新技术日益融入人们生活的方方面面（移动设备、家庭自动化、采购、旅行、银行等），也融入了公司的各项业务（销售、生产、通信、安全、财务运营、行政管理、客户关系、供应商、员工、投资者、银行等），这就使得计算机的不稳定或被入侵成为可能，并受到公共服务数字化以及计算机攻击日益复杂的推动。

根据埃森哲[1]的一项研究，尽管信息系统越来越受到保护，阻止了更多的

[1] 埃森哲公司是全球最大的管理咨询公司和技术服务供应商之一，它原是安达信（Arthur Andersen）会计事务所的管理咨询部门，2000年与安达信从经济上彻底分开，2001年更名为埃森哲（Accenture）。

攻击（在数量和百分比上），但与 2017 年相比，2018 年的入侵数量仍然居高不下。

如图 1.2 所示，计算机攻击并不是一个新现象，它始于 40 多年前，伴随着计算机网络和互联网的诞生而出现。

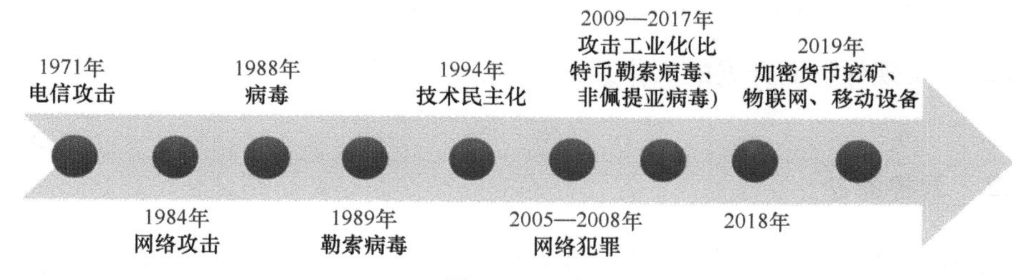

图 1.2　历史
来源：右舷咨询。

由于经济活动数字化、计算机网络开放、数据交换、移动性、应用程序和连接对象的开发，以及计算机广泛联网使其脆弱性增加，网络攻击问题变得更加严重。

应该注意的是，硬件和软件有时会自带“后门”，因为这样可以使软件开发人员或硬件制造商利用后门来监控甚至控制软件活动，或者控制计算机。这就像一个建筑商卖给你一栋房子，同时保留着一扇暗门的钥匙。

这些后门可以有效地执行维护操作，或者在客户不同意支付费用时禁用软件。

黑客也可以安装它们来复制或销毁有价值的数据（身份证、密码、社会安全号码、银行详细信息、支付手段、机密信息），或者控制计算机，并利用它来实施恶意操作（如传播计算机病毒、拒绝服务、索要赎金等）。

攻击者是有组织和专业化的：一些人打开后门，让其他人闯入并获取数据或组织金融诈骗。提供的服务（后门）在黑市上拍卖。

最后，关于后门问题，各国意见并不相同。俄罗斯已经立法，为出版商提供了一种访问加密通信的方式；五眼联盟的成员国（美国、澳大利亚、新西兰、英国和加拿大）的情报机构也希望强制引入软件漏洞。

这样做的主要目标是能够破译某些可能与恐怖活动有关的通信信息，并在情报部门之间共享，以防止国家间谍活动、获取商业秘密和侵犯个人自由。它的风险在于，这些漏洞可能被怀有恶意的人利用。

因此，数字信任取决于公司对保护系统和数据及对整个生态系统的保护能力，包括政府制定的数字战略和信息系统安全机构为确保设备、应用程序、网络和软件实现保护而开展的工作。

1.2.2 五种威胁

法国国家网络安全局确定了 2018 年在欧洲观察到的五大网络威胁趋势。

一些被认为不太可能成为攻击目标的活动部门现在已经成为目标。例如，农业食品部门就是这种情况（正如法国国家网络安全局总干事纪尧姆·帕尔德（Guillaume Poupard）所说的那样）。这就意味着，没有一家公司对此可以置身于外。

2019 年 4 月 10 日夜间至 11 日凌晨，弗勒里·米琼（Fleury Michon）（一家家族所有的专门生产熟食、即食餐和新鲜鱼糜的中型公司）遭到了计算机病毒的攻击，为了避免病毒传播，所有的系统都被切断了。相关工厂及物流部门于 4 月 11 日被关闭。

经过分析并采取了适当的安全措施后，该公司在 4 月 15 日恢复了生产活动。4 月 16 日上午，专门负责辅助烹饪的部门重新启动。该公司在 2019 年 4 月 15 日的新闻稿中表示：“从即日早上开始，我们恢复客户订单交付。影响是有限可控的，目前正在量化损失情况，并且由专项保险承担。”

1. 网络间谍活动

根据法国国家网络安全局的说法，网络间谍是组织面临的最高风险。这些袭击目标明确、技术先进，而且越来越多地针对活动的关键部门和特定的国家关键基础设施领域，如国防、卫生或科研。

法国国家网络安全局总干事纪尧姆・帕尔德于 2019 年 4 月 17 日在法国董事学会的演讲中说："每年有 10 ~ 20 起非常严重的攻击案件。就算我们不讨论它们，攻击仍然是存在的。沉默造成了感知偏差！"

如今获取机密信息的最佳方式是通过计算机攻击。受害者发现攻击有时是偶然的，有时通过第三方，有时通过法国国家网络安全局。有时，受害者发现被攻击已经是五年后。公司经理们发现，他们所有的电子邮件都可以被他人获取和阅读。发现攻击的平均时间约为 100 天。虽然目前此时间已经缩短了，但仍然很重要，因为与此同时，攻击者们也正在采取行动。

网络间谍活动正在逐渐侵蚀公司的价值，甚至破坏其中一些公司的稳定：它是一种大规模的利用网络渗透技术窃取最有价值资产（战略文件、商业计划书、公司经理的电子邮箱等）的经济间谍活动。全球财富 500 强公司 80% 的价值是由工业财产和其他无形资产组成的，网络间谍是获取这些资产的最佳方式。

TeamViewer 是一家全球领先的计算机和服务器远程控制软件供应商之一。该公司是用户账户转移的受害者，许多客户报告称，用户账户转移源于国外的 IP 地址。据报道，它在 2016 年底感染了 Winnti 恶意软件。德国钢铁制造商蒂森克虏伯（ThyssenKrupp）和制药企业拜耳（Bayer）也是受害者，后者承认在 2018 年遭受了黑客攻击，在此期间，也发现被恶意安装了 Winnti 软件。

2. 间接攻击

根据法国国家网络安全局的数据，2018 年间接袭击大幅增加。随着大公司变得更加安全，攻击者选择瞄准更容易受到攻击的供应商或服务提供商，以达到他们的最终目标。当涉及 IT 服务提供商时，很难区分连接是来自服务提供商，还是来自侵入服务提供商系统的攻击者。通过该合作伙伴或服务提供商，攻击者可以进入其多个客户的系统。

因此，必须仔细选择供应商，签订安全要求协议，并审核其信息技术系统、组织、员工培训、安全政策和流程的保护水平。

3. 蓄意破坏

2018年，在政治领域和企业部门，蓄意破坏显著增加。它们不一定是高技术的，但会使目标无法获得服务，甚至会被破坏。

其中一些袭击，可以比作战争或恐怖活动行为。因此，这是一个关乎国家安全和恢复能力的问题：这些攻击的目的通常是以对国家至关重要的产品和/或服务为目标（如政府组织和重要运营商）。2007年，对爱沙尼亚银行基础设施的攻击归咎于黑客，这是第一个网络攻击的具体事件。从此以后，震网（Stuxnet）、Aramco和TV5 Monde都是其后发生的案例。

4. 加密劫持或加密货币开采

加密劫持或加密货币开采这种类型的网络攻击包括利用受害者的计算机的能力去破坏加密货币。

2018年，人们发现许多此类攻击：越来越多的有组织的攻击者，正在利用安全漏洞，破坏目标设备，从而在受害者不知情的情况下，对加密货币进行开采。

5. 网络诈骗和网络犯罪

无论对公司、大型组织还是个人来说，网络诈骗都是一种永久性的网络威胁。大公司受到更好的保护：它们有专门投资、专业检测和自我保护措施。

所以，攻击者就将选择转向暴露程度较低，但更脆弱的目标，如地方政府部门或卫生部门的工作人员，他们因此成为2018年众多网络钓鱼攻击的目标。

近期具有代表性的网络犯罪的一个例子是：2019年4月15日，巴黎圣母院发生火灾，法国建立了一个官方网站，用于收集个人捐款，以对巴黎圣母院进行重建。这对骗子来说是个绝好机会，因为一旦得手，钱就会源源不断。一封冒用“帕特里莫因基金会（Fondation du Patrimoine）”名义，但带有真实的银行账户细节（RIB）的邮件，敦促“法国之友”为“我们历史的象征”捐款。发布该邮件的网站（在意大利创建）是一个诈骗网站，试图在大家慷慨的浪潮中玩一把“冲浪”。这也不是唯一的“创举”，还有很多类似的骗局已被人们识破并举报。

1.2.3 五种类型的攻击者

1. 寻找轻松赚钱的机会

一些攻击者主要根据两个标准确定目标：首先是它们拥有资产（具有暗网价值或良好财务表现），其次从保护 IT 系统和 / 或内部组织和程序的角度来看，它们是易被攻击的。

2. 网络活动家或黑客主义者

最著名的网络活动家或黑客主义者运动始于 2006 年的“匿名”运动，自 2008 年以来更为人所知，该运动通过匿名的原则、没有等级制度和言论自由三大信条拉拢黑客。最常见的黑客攻击类型是为了插入政治信息，对网站进行降级攻击。

那些不接受该运动所捍卫的价值观的公司网站，会受到匿名发起的拒绝服务（DoS）攻击。2010 年 12 月，万事达决定不再向“维基解密”提供服务，随后万事达网站被攻击。维基解密是一个由朱利安·阿桑奇（Julian Assange）于 2006 年创建的非政府组织，其目标就是公布文件，其中一些是机密文件，以及提供全球范围内的政治和社会分析。它的目的是在保护信息来源的同时，让读者了解警报和信息泄露。自该网站成立以来，已有数百万份涉及全球数十个国家的腐败、间谍活动和侵犯人权丑闻的机密文件在该网站上被公布。

2010 年底和 2011 年初，该组织参与了针对互联网审查程度高的国家的攻击。

2011 年 4 月 2 日，一项针对索尼和 PlayStation Network 的名为“#opsony”的攻击行动被匿名发起，谴责针对试图绕过 PlayStation 数字保护黑客的法律诉讼。

来自激进分子运动袭击，可能不会产生直接的财务影响，但可能会产生重大的舆论影响，因此会严重损害公司的声誉，及其高管和董事的个人名誉。

3. 以间谍活动或破坏为目的的竞争对手（或国家）

网络间谍活动非常普遍，连中小企业（SMEs）也不能幸免。

RUAG 是一家瑞士军工和防务系统公司。它和其他公司一样，也是计算机攻击的目标对象，数月来一直被恶意软件渗透。“根据初步证据，网络间谍软件对 RUAG 的攻击始于 2014 年 12 月。”瑞士国防部发言人雷纳托・卡尔伯曼滕说。

据媒体报道，对 RUAG 的网络攻击使黑客能够访问数万条敏感信息。瑞士联邦信息保障报告和分析中心 MELANI 在其网站 melani.admin.ch 上发布的技术报告中描述了这种复杂的网络攻击。以下是报告的摘录：

瑞士联邦委员会决定公布这份报告，以使各组织能够发现其网络上存在的类似感染，并突出攻击者的作案手法。在纵向渗透和横向攻击过程中，攻击者非常耐心。他们仅针对所感兴趣的目标，使用各种措施（目标入侵 IP 清单和初次感染前后的完整数字指纹）。进入网络后，他们通过感染其他设备，并获得更高的特权，进行横向行动。他们的主要目标之一是活动目录，该目录允许他们控制其他设备，并使用相应组的权限和成员资格，访问他们感兴趣的数据。恶意软件使用 HTTP 将数据传输到外部。

4. 员工：最频繁的威胁

威胁可能是由于员工处理不当，这不一定是恶意的：将信息发送给不应接收该信息的收件人（该员工可能是高级经理，在匆忙、紧张、注意力不集中的情况下犯错）。

这样的错误有时无害，有时严重，而且，无论如何，它对形象和声誉都有不良影响。培训（尤其是招聘期间）、意识和警惕是关键因素，但是这不是万能的。

这种威胁可能来自粗心的员工：他们并不是真的恶意，他们很随意地处理信息，忽略了要保护他们的公司。他们没有尽心尽力，可能是因为没有得到足够的监督。经理和高级管理人员有责任制定避免犯错和使用错误工具的规则，也有责任发展一种文化，来提高员工的参与度。

这种威胁可能来自未经培训的员工，他们缺乏必要的警惕：招聘经理打开了由假候选人发送的简历（有必要确保来源，但有时很难，攻击越来越复杂），或者董事 / 总裁从维基百科接收假的更新的信息，匆忙打开并阅读这些信息。

这种威胁也可能来自恶意员工：向外发送文件，打开恶意邮件，与外部的攻击者沆瀣一气。

最后，这种威胁也可能来自被勒索的员工；优秀的侦探小说《极限张力》（Tension extreme）很好地解释了即使是在超级安全的环境中入侵也能成功的原因，这要归因于人性弱点或自以为是。

不管怎么说，只有机制、工具、组织、程序、培训和承诺同时发挥作用，才有可能抵御攻击。

5. 国家行为体

本书的主题不是网络战，但它可以对公司产生相当大的影响（这已经有几次了）。网络冲突正在改变地缘政治格局，应将其纳入企业战略。

国家之间的网络战已经不再是秘密，而成为许多出版物和宣言的主题。法国国防部长弗洛伦斯·帕利（Florence Parly）于 2019 年 1 月 18 日首次公开提出了法国进攻性网络战条令的框架，并发表了一项可能在很大程度上适用于公司的声明。

以下一些内容摘录于这一声明，它标志着各国立场的改变：

盗窃数据、间谍邮箱、劫持服务器、破坏信息系统，网络空间已经像其他任何地方一样，成为对抗的场所。那是个成千上万的黑客未被发现的地方。那是个某些黑客躲在那里可以更好地攻击，而不受惩罚的地方。那是个充斥巨大破坏力的地方，那些破坏会不断阻碍我们。

让我们回忆一下勒索病毒（WannaCry），它覆盖了150个国家、站点和行业。让我们记住，就在几天前，德国政治阶层的数以千计的数据，因被黑客攻击而泄露。

一些个人、团体和国家认为，由于攻击者具有匿名性，他们可以做任何事情。他们的代码、"逻辑炸弹"和其他恶意软件，有非常真实的效果。

这种现象越来越严重，我们可能还没意识到任何东西。虽然攻击可能影响了某些实体基础设施，但尚未引发对经济和社会大规模和持久的破坏。我们的军事系统也受到监视、瞄准和攻击。

2017年底，人们发现武装部门的互联网邮件服务器被异常连接。经过分析，这些连接显示，攻击者正在试图直接访问19名高级官员的邮箱中的内容，其中包括一些敏感人物的邮箱。如果没有我们的警惕，整个法国海军的燃料供应链将会暴露。

2018年，每天都有两起以上的安全事件影响到我们的部门、我们的行动、我们的技术专家，甚至一家陆军实习医院。有些是恶意组织所致，大部分来自独立的黑客，还有一些来自某些国家行为体。

2017年，网络防御司令部成立。武装部队司令部与法国国家网络安全局密切合作，负责网络安全。这种努力只有在集体协作的情况下才有意义。网络防御不是专家的事，而是每个人的事。

所有攻击都是国际性的。国防领域的每个公司、每个合作伙伴都有自己的角色。我们的对手利用一切机会接近我们；这当然涉及制造商及其分包商、供应商和员工。部门越是加强其防火墙，就有越多的个人和制造商成为攻击目标。在用户不知情的情况下，每一个武器系统、每一台计算机、每一部智能手机，以及未来的每一个接入网络的实体，都可能不仅是目标，而且可能是网络攻击的媒介。这是我们相信中小企业和初创企业的原因之一，因为它们将是我们数字化成功的核心。

网络安全必须从每个武器、信息和通信系统的设计阶段就加以考虑。对于网络的免疫不是奢侈品，它是我们武器系统从技术设计到实际使用的整个生命周期中，绝不可少的必需品。

如果我们的部队遭到网络攻击，我们保留依法以我们选择的手段和时间进行回击的权利。我们还保留消除攻击效果和使用数字手段的权利，无论攻击者是谁。

如今，法国选择为自己的军事行动全面装备网络武器。我们认为网络武器本身就是一种作战武器。就责任而言，这是一个必要的选择。我们将合规地使用它，但那些试图攻击我们武装部队的人应该知道，我们不会害怕使用它。

法国部长如此明确地表达了自己的观点，因为网络威胁对国家、企业和公民来说都是一种严重的威胁。美国于 1989 年创建的网络空间，其公开目标是在一个无国界和协作的世界中，改善流动信息和通信的共享，到今天网络已逐渐变成各种形式的网络犯罪增长领域。

预计 2021 年[㊀]，网络犯罪造成的成本损失将从 2015 年的 3 万亿美元上升到 6 万亿美元，网络犯罪将比全球非法毒品贸易更有利可图。

法国再保险公司 Scor 的首席执行官丹尼斯 · 凯斯勒（Denis Kessler）被邀请参加由法国经济和财政部，以及法兰西银行（法国中央银行）组织的网络安全会议，他说，"再保险行业认为网络风险与自然灾害风险同等重要。这说明了我们所面临威胁的严重性。"

㊀ 编辑注：本书著者于 2020 年推断。

因此，建立对数字空间的治理至关重要，例如数据保护、创建数字身份（这将使识别罪犯成为可能）、建立关于已公布信息内容和数字隐私的标准和规则。

1.3 网络安全市场

1.3.1 市场规模及其演变

网络安全市场（硬件、软件和服务）仍然很小：目前只占全球国内生产总值的不到 0.2%（估计为 1200 亿美元），但它一直在强劲增长：自 2016 年以来每年增长 +10%，根据 Cybersecurity Ventures 的预测，由于企业数字化的快速发展，以及个人数据保护、尊重国际标准的义务和行业法规增加，预计 2019—2021 年每年增长 15%~20%。

技术在不断发展，人工智能、大数据和云计算的发展，迫使网络参与者快速更新解决方案。

黑客也正在完善他们的攻击方法和工具，迫使公司、IT 提供商和所有网络安全行为者，不断改进网络安全解决方案，以更有效地保护自己。

1.3.2 按活动部门划分的市场

网络安全市场在各个领域的发展并不均衡。国际数据公司（International Data Corporation）2018 年的报告显示，2019 年将有三个部门增加投资：银行、工业部门和政府机构（行政部门）。

到 2022 年，电信部门将成为信息技术安全投资的第四大部门。

在法国，2017—2021 年，IT 安全市场预计平均每年增长 8%（由 26 亿美元到 36 亿美元），2021 年这一数字代表 IT 市场占比已经达到 6.5%，而 2017 年这一数字是 5.2%。

这是一个拥有众多供应商的新兴市场。网络安全博览会上到处都是最新崛起的供应商。对于网络安全经理和 IT 服务提供商来说，可以提供的产品范围非常广泛。在挑选网络安全解决方案时，对于解决方案的兼容性，或者说不兼容性，都要倍加小心；此外，要格外小心过于“神奇”的解决方案，报价很高却不能保护你。最终，即使你有一个质量极好（当然也很贵）的防盗门和高度精密的门锁，如果你对任何人都敞开门，那么门的坚固性对你来说就没什么用。

安全性的实现是一个基于包含工具、组织、程序和技能以及培训的系统工程。

许多供应商的整合是不可避免的。随着时间的推移，投入巨大的大公司将进入采购的优化、合理化和集中化阶段，以避免分散和额外成本，同时提高系统效率。

1.3.3　采购和投资的类型

致力于发展监控和保护信息系统（包括监控操作中心、安全运营中心）的解决方案，无论是内部还是外部，都将是各大组织今年的主要投资。第二大投资领域将是网络安全设备（防火墙、入侵检测和预防技术）。大量数据泄露和高级持续威胁（APT）攻击的增加，是各大组织部署防御和寻求主动性解决方案的主要原因。最后，公司还将依赖固定和移动终端的集成服务和安全软件。

这一市场仍处于起步阶段，目前正在进行筹建，尤其是按业务类型进行组建，如云报价、审计、培训、服务、认证和检查、情报等。

1.3.4　地理分布

国际数据公司的一项研究表明，就地理分布而言，目前世界上网络安全市场的 40% 在美国，而欧洲市场占比为 25%。

中国是第二大市场。政府、电信运营商的安全支出约占全国市场总额的45%。

日本和英国是另外两个重要的市场。

2019年，预计有三分之二的IT安全支出来自大公司。

1.4 网络安全事件

1.4.1 事实

请记住，计算机事件或安全事故不一定与攻击或黑客有关。事实上，原因是多种多样的，可能是恶意的，也可能是偶然的；可能是内部的，也可能是外部的。火灾或洪水对公司或客户的信息系统或数据（如果公司托管其客户的数据）造成的影响，其程度与计算机攻击相同，甚至会更严重。

因此，物理安全和计算机安全紧密相连。然而，鉴于组织的数字化和信息系统对外部世界是开放的，呈指数级增长态势的网络犯罪，确实是一个新的主要风险来源。根据网络安全风险投资公司的数据，到2021年，每11秒钟就有一家公司被勒索。

网络攻击目前可能波及20亿人，微软估计，到2021年，受影响的人数将再翻一番，达到40亿人。

1. 关于网络犯罪的信息

咨询公司、网络安全提供商、安全经理俱乐部、信息技术经理，或信息技术安全经理等，每周都会发布许多研究报告。

这些研究存在下面几个方面的偏见：

1）有些面向商业目的（销售产品或服务）或政治目的（赋予行为者权力）。

2）与整个经济部门相比，进行调查的样本减少。

3）答案是叙述性的；有些调查有时只是电话调查的结果。

4）受访者尽管已向调查人员承诺保密，但他们是否知道 / 说出了攻击的数量、严重程度、入侵成功与否或事件起因等事实的真相？

5）一般来说，大多数公司都不准备提供有关其漏洞、计算机事件、欺诈或数据盗窃的信息，这是可以理解的。客户、股东、供应商和银行家，如何能信任一家计算机系统出现故障，而且无法再销售、生产或交流的公司呢？这是很合情合理的。

6）公司通常不会提出投诉：要么是出于保密考虑，要么是因为他们不指望得到警方的支持，因为警方无法追踪攻击的来源，要么是因为缺乏有力的证据支持，要么是因为实施的手段不匹配。

然而，信息的质量正在提高，这要归功于以下几个原因：

1）向法国国家信息自由委员会（CNIL）或 ICO [《通用数据保护条例》（GDPR）的一部分] 或根据公司被盗的数据的性质向客户报告数据泄露的法规和义务。

2）向法国国家网络安全局说明，并每年上报。

3）以保险（保险公司和经纪人）为代表的信息质量改善的来源。事实上，保险公司正在开发网络风险保险产品，尽管考虑到薄弱的历史经验和预估风险的困难程度，这是一个困难的市场。即使保险公司本身对事故的结果很谨慎，越来越多的公司将他们的保险业务延伸到网络风险领域，并且事故数据越来越可靠。

更让人恼火的是高管层内部隐瞒真相，或者对股东和董事会隐瞒情况。“我们受到了攻击，并且度过了危机，重新开始了业务。”我们可以称他们为“网络逃避者”。

媒体不一定需要知道，但当影响重大且风险威胁到公司发展的可持续性时，必须通知董事会和股东。

供应商、与客户合作的专家、保险公司、审计公司和数字调查公司（使用专门收集、识别、描述、安全、提取、认证、分析、解读和解释数字信息的技术进行计算机取证）对事件的趋势有相对可靠的看法：根据掌握事实信息，他们能够推断事件的起源、影响和发展。

2. 威胁的来源

计算机事故的主要起因如下：

1）系统用户：大多数时候，他们不想损害系统的完整性，但他们的行为助长了危险。

2）恶意个人：他们合法或非法地进入系统，并访问不该访问的数据或程序（例如，通过系统内使用的软件访问，但缺乏适当保护）。

3）恶意软件：旨在损害或滥用系统资源的软件被安装（无意或恶意）在系统上，为入侵或修改数据打开了大门；机密数据可能会在用户不知情的情况下被收集，并被重新用于恶意目的。

4）由不当处理或恶意造成的灾难（盗窃、火灾、水灾）会导致设备或数据丢失。

已公布的数据令人震惊：每 40 秒钟就有一家公司遭到攻击[一]，33% 被勒索的受害者无法完全恢复他们的数据，20% 已支付赎金的受害者无法恢复他们的数据[二]。

3. 网络犯罪的实施

有组织犯罪之所以不断增长，是因为它有利可图且风险较低：这些犯罪活动在他们国家既没有受到监控，也没有受到起诉。公司每年面临的五种不同类型的攻击如图 1.3 所示。

[一] 来源：https://www.kaspersky.fr/about/press-releases/2016_ransomware-kaspersky-lab-recense-une-attack-all-40-seconds-against-businesses-in-2016.

[二] 来源：2017 Norton Cyber Security Insights Report Global Results; https://www.symantec. com/content/dam/symantec/docs/about/2017-ncsir-global-results-en.pdf.

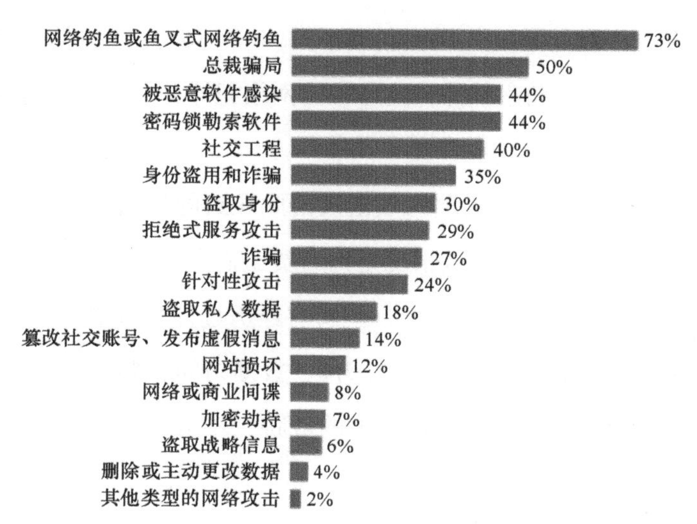

图 1.3　公司每年面临的五种不同类型的攻击

来源：CESIN。发现攻击（139 名受访者）几种可能的回应。

（1）勒索软件

想象一下，一个窃贼偷走了你公司所有的敏感文件，并承诺如果你支付赎金，他会把这些文件还给你。这就是今天的数字手段所应用的方法：文件并不是被带走了，而是被加密了，使其不可访问。

网络攻击活动是全球性的。数据被攻击者加密（现在加密得很好），并导致被攻击公司或组织的数据丢失，除非备份系统不受影响，并且数据可以恢复而无须支付赎金。

索要的赎金通常很低，许多客户支付赎金是因为赎金数额低于数据丢失或信息系统关闭造成的影响。国家建议不要支付赎金，因为这样做鼓励了网络犯罪，但公司的实用主义通常会选择支付赎金，并尽快恢复运营，以便能够继续进行生产和销售，向供应商付款及向客户交货。

在大多数情况下，一旦收到赎金，攻击者就会解密数据，让公司继续运营。事实上，曾受到攻击的人通过相关信息技术服务提供商，向那些未能恢复备份的人传播这样的消息："相信黑客。如果你付费，他们会让你重新访问你的数据和计算机系统。”

但是，应该注意的是，如果支付2000～4000英镑给检索数据提供商，在大多数情况下可以解密勒索软件，这通常比网络犯罪分子要求的金额少得多。

（2）网络钓鱼

研究表明，70%～90%的网络攻击及由此导致的数据泄露都是从“网络钓鱼”开始的，这意味着，大多数情况是因为员工们点击了恶意攻击邮件。

不同研究得出的数据各不相同，但所有经历过计算机事件的公司所提供的原因排名大体是相同的：欺诈性电子邮件、数据访问、恶意软件、计算机设备丢失或被盗、盗用或诈骗分别是最常见的威胁。攻击可以是大规模的，也可以是有针对性的。

4. 目标

网络风险不再是技术风险，而是企业、国际风险，也是政府和公共组织的风险。它现在和火灾风险或建筑安全风险一样，是商业现实的一个组成部分（见图1.4）。

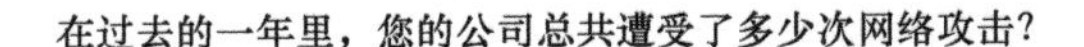

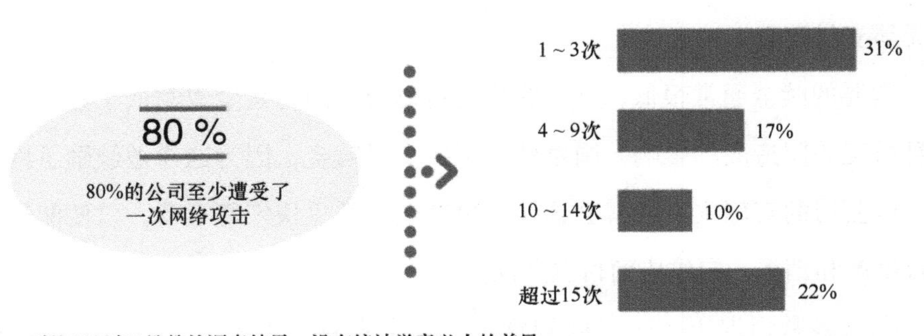

图1.4 受网络攻击影响的公司比例仍然很高

来源：经济社会信息网群体调查（174名受访者）。

网络风险格局在持续变化。网络风险复杂且难以量化，尤其是因为技术环境的快速变化和网络索赔历史数据的缺乏。

大型公司，如毕马威[㊀]、德勤[㊁]或空客，城市、政党，甚至政府也容易受到攻击，成为攻击的受害者。那些做好准备的人正在管理危机，尽可能少沟通，避免媒体泄密。

所有公司都是潜在的受害者，无论其规模、活动、位置、背景如何，如下示例所示：

1）核工业“也不例外”：国际原子能机构（IAEA）总干事曾在 2016 年表示，有针对核电站的随机恶意软件攻击案例。

2）航天工业，通过对控制中心的“地面攻击”、发射机或接收机的无线电波干扰、数据拦截、接管（卫星在互联网上发送的信息被劫持、复制、窃取或修改）。

3）2019 年 5 月，《巴黎人报》报道，位于法国中部偏远地区 Creuse 专门从事燃油配送的一家公司 Picoty SA 成为勒索攻击的受害者：该公司的计算机系统遭到文件加密系统的攻击。网络犯罪分子随后索要 50 万欧元，才可以让该公司能够恢复对系统数据的访问。

4）据法新社（AFP）报道，2019 年 6 月 14 日，比利时分包商阿斯科工业公司（ASCO Industries）向 Zaventem 警区报案，称受到网络攻击犯罪分子的勒索。该公司是空客、波音、庞巴迪和洛克希德·马丁等主要制造商的分包商。该公司的比利时工厂关闭了几天；它在美国、加拿大和德国的网站也关闭了。“我们目前正在努力让我们的业务尽快启动和运行，并为我们的客户服务。”公司发言人说。

㊀ 毕马威（KPMG）成立于 1897 年，总部位于荷兰阿姆斯特丹，是世界顶级的会计专业服务机构之一，专门提供审计、税务和咨询等服务。

㊁ 德勤（Deloitte），一家根据英国法律组成的私人担保有限公司，包括多家成员所。每一个成员所均为具有独立法律地位的法律实体。

5. 世界上最差的鞋匠

据报道，2019 年 4 月 17 日，美国一家主要在以色列运营的监控和网络情报领域的领袖型企业 Verint，遭到了勒索软件的攻击。攻击本来应该很快被发现，安全小组也应该很快做出反应。但当时该公司的大多数领导正在意大利参加会议。没有人是安全的。

2019 年 2 月 13 日 *Le Canard enchaîné* 披露了法国信息安全专家俱乐部（CLUSIF）的数据泄露事件。该俱乐部没有提前采取必要的预防措施。

事实上，在 CLUSIF 网站上可以免费查阅 2200 多个主要信息技术安全主管和会议参与者的姓名和个人信息（姓氏、名字、电子邮件地址、手机号码）。

《新闻报》称，这份名单包括法国总统的首席信息安全官（CISO）的详细联系方式，以及核安全局官员、武装部队参谋部专家、马提尼翁宫（法国总理官邸）、参议院、武器制造商或银行的详细联系方式。

要检索这个列表，你只需要用关键词“Clusif”和“csv”进行搜索。该文件由 CLUSIF 托管，但没有得到很好的保护。这是网站管理中常见的人为错误。

防止敏感数据泄露，不仅遵守安全规则至关重要，由合格人员监督这些标准的应用也至关重要。

1.4.2 证词与沉默

除了在 2015 年遭到攻击的 TV5 Monde 首席执行官伊夫·比戈特（Yves Bigot）之外，很少有企业领导人同意公开为这场危机作证。他们对于信息系统、流程、员工的培训缺乏被攻击的风险意识，对攻击后果、必要的资金投入、必要的纪律和预算分配等视而不见。

这些事件几乎让 TV5 Monde 失去生计，伊夫·比戈特在许多会议上发表了讲话。没有什么比这种证词更能让人理解风险，以及应采取必要措施，以避免如此痛苦的事件再次发生。

在法国，也有“圣戈班之前”和“圣戈班之后”之说。圣戈班（Saint-Gobain）集团首席执行官皮埃尔·安德烈·查伦达尔（Pierre-André Chalendar）在自己的公司遭到攻击时，没有公开作证。

另一方面，他向 CAC 40 公司的董事会和执行委员会秘密作证，以便董事和高级职员能够讨论这个问题。因此，证词是有效的，但很遗憾的是太少了。

选择沉默是最常见的做法，这可以避免受到攻击的信息被公开，但是信息公开也有助于更好、更快地应对。

IT 安全或安保经理俱乐部是良性的；它们可以让你更好地交流、学习、进步和学会保护自己。

1.4.3　趋势

1. 网络犯罪方法

网络攻击正在改进和演化。攻击范围越来越大，如移动性、云、连接对象。同时，目标监视、检测和保护自己免受攻击的能力也在不断增加。

因此，越来越多的目标受到攻击往往是通过其供应商、分包商、合作伙伴和服务提供商，因为攻击门槛变得更加复杂，所以攻击者会选择上述途径。

2. 攻击者

攻击者始终在进步，它们总是领先一步：密码挖掘，用于发起攻击的物联网（Internet of Things，IoT）；高级持久威胁（APT）是最近开发的技术，用于到达目标、获取其计算机系统和数据、破坏稳定（泄露客户 ID、密码和个人数据），以及破坏关键系统（工业系统关闭）。

现在，锁定受害者比大规模攻击更重要。它更有利可图，而且效率更高。

3. 连接对象

为了提高网络安全意识，鼓励公民更好地保护自己，日本国家信息通信技术研究所曾试图从 2019 年 2 月开始尝试侵入公民的连接对象，该组织试图使用默认密码和字典中的其他基本密码渗透到从全国各地的家庭中随机选择的 2 亿个连接对象中。

最初，路由器和网络摄像头被选定为攻击目标。此后，政府尝试攻击智能家居的连接对象。

原则上，被成功入侵的设备所有者将被告知并被要求紧急更改密码，以获得更可靠的标识符。然而，也不会强制他们这样做。该倡议可以延长至下一个五年。

4. 网络战

正如让·路易·格戈林（Jean-Louis Gergorin）和莱奥·艾萨克·多格宁（Léo Isaac-Dognin）在他们的著作《网络》（2018 年出版）中所解释的那样，间谍和破坏行动以及信息战，现在都是通过数字手段进行的，并且处于战略行动的最前沿。他们非常清楚地详述了这种新的战争形式：数字技术使远距离作战成为可能，并提供了瘫痪和可恢复能力。此外，它以较低的成本（极大地改变了大国之间的平衡）和较高的瞄准能力，大大增加了情报、影响和秘密行动的全球覆盖面、瞬时速度和力量（归因的难度）。

国家之间的网络战不仅会影响政府，还会影响敏感的公共组织，更严重的是，还会影响国家关键基础设施（能源、电信、国防等），甚至波及（甚至直接影响）各个公司。

2014 年，由 29 个北约成员国组成的联盟，承认网络空间和陆、空、海域一样是战争领域。2018 年末，北约宣布将建立网络空间作战中心，协调北约的网络行动。北约还讨论了将每个国家的信息技术能力纳入联盟行动的问题。

2018 年 9 月，美国白宫警告外国黑客，将增加攻击性措施，作为新的国家网络安全战略的一部分。美国情报官员预计，在2018年11月6日大选之前，将会发生一系列数字攻击。

美国在2019年宣布，将代表北约使用IT进攻和防御能力。

1.4.4　案例

1. 信息泄露

信息泄露可能是滥用或疏忽的结果，包括经理、顾问或IT服务提供商：数据被错误地发送到一个联系人而不是另一个联系人，数据库访问管理不可靠，密码可见，或容易被猜测，或密码没有定期更新，软件没有更新，双重身份验证建议没有被采纳，机密数据保持可访问、可转移和可复制状态。网站也不安全。

因此，公司必须首先管理其数据：收集什么数据，由谁收集，为什么，存储在哪里，由谁保管？

数据是如何分类的，机密程度如何，谁可以访问它，谁可以修改它，谁管理授权？

因此，数据安全首先取决于良好的数据治理：谁在公司中负责，规则是什么，规则是否已知并适用？

2. 一些著名的攻击例子

第一次攻击：勒索病毒 WannaCry

勒索病毒WannaCry发生在2017年5—6月，它是一个让全球数十万台计算机瘫痪的勒索软件（Ransomware），影响了英国的医疗系统、德国的铁路和法国的雷诺工厂。

攻击是全球性的。在100多个国家，一种病毒封锁了计算机，直到支付了300～600美元的赎金才解封。50家英国医院（国家卫生服务机构）部分瘫痪，还有电信公司（Vodafone、Telefonica）、罗马尼亚情报机构、法国雷诺及其装配线、本田汽车集团在日本的工厂等。

在德国，病毒攻击了铁路：在德国车站显示火车时刻表的屏幕上，显示了索要赎金的信息。

WannaCry 病毒引发了广泛的骚动，产生了惊人的影响，但没有让攻击者获得数百万美元（在法国本可以获得 3 万美元），主要是因为支付系统构建不佳。

然而，如果公司重新启动系统、更换计算机、雇佣信息技术安全专家和保护信息系统，以避免再次成为受害者，成本要高得多。综合信息不可用，仅英国医院的损失估计就高达 9000 万英镑。

第二次攻击：NotPetya

这是一次破坏性的攻击，完全属于蓄意破坏。这个恶意软件从它正在访问的计算机上删除了文件，冒充为勒索软件。已知的法国主要受害者是圣戈班集团，收入损失估计为 2.5 亿欧元。其年报显示，主营业务收入的受影响金额为 8000 万欧元；对非经常性收入的影响，无法估量。

"我们应铭记这一年 6 月 27 日的网络攻击。虽然集团能够非常迅速地做出反应，恢复正常的业务活动，并加强了防御，但它对 2017 年营业收入的影响估计为 8000 万欧元：总的来说，网络攻击的影响有一半在建筑配电上，其余分布在工业中心，尤其是建筑产品；从地理上看，受影响最大的是西欧国家、北欧国家、德国和法国"（圣戈班集团，2017 年）。

2018 年 2 月 9 日，圣戈班集团第二号人物克劳德·伊马乌文（Claude Imauven）在接受 *L' Usine nouvelle* 采访时表示，诺特佩亚病毒通过乌克兰税收管理软件感染了计算机，而企业必须连接这些软件。几分钟内，成千上万的数据被加密，无法恢复。基于网络的订货和发票系统被封锁。该集团的分销网络，P 点和 Lapeyre，不得不求助于纸和笔来写采购订单，并手工传送。该集团花了 4 天时间进行危机管理，用了 10 天时间业务才完全恢复。

克劳德·伊马乌文说："学会在降级模式下工作，以免破坏连续性，是良好风险管理最核心的方面。”这包括对各种资产的关键程度进行优先排序，采取预防措施，确定各种后备解决方案，并在内部动员各种团队。

网络钓鱼操作、入侵测试……如今，公司定期组织全面测试，让员工意识到各种威胁。此外，圣戈班集团现在要求直接连接到集团系统的供应商具备网络道德，“这是我们今天的必要条件。”这位首席执行官表示。

与此同时，在事件发生时，未投保网络攻击险的公司承诺为自己投保此类风险。

法国的 Altran 和挪威的 Hydro

在 2019 年 1 月 23 日计算机黑客攻击之后，作为受害者的技术咨询集团亚创（Altran）集团被迫做出重大让步。这个缓慢的时期对集团来说代价可能非常昂贵，尤其是在形象方面。

亚创集团的一名发言人表示，该公司遭到了勒索攻击，这就是为什么它必须“立即”断开其计算机网络和所有应用程序，以防止病毒传播。亚创集团正在与法国国家网络安全局联系：我们已经动员了独立的、国际公认的技术和调查专家，与他们一起进行的调查结果显示，未发现数据被盗或事件传播给客户的情况。

特别是，亚创集团为包括空客在内的主要能源和运输集团承担研发（R&D）任务。因此，黑客对该公司进行攻击的目的可能是企图获取客户的商业秘密。

在接受《巴黎人报》采访时，纪尧姆·帕尔德报告说，国家、私人或恐怖活动者发动攻击的目的不是摧毁，而是一种设置，最重要的就是在能源、电信和运输这三大部门，全面研究计算机系统。

《世界报》还指出，尽管有这些建议，亚创集团还是支付了近 100 万欧元来获得这些文件的解密密钥。据《快报》报道，截至 2019 年 2 月底，还没有交付，该报还引用了一名金融分析师的观点，对亚创集团的攻击造成的损失已经达到 2000 万欧元。

2019 年 3 月 18 日，同样是勒索病毒，名为 LockerGoga，加密了计算机文件，并要求提供赎金才可以再次使用，导致挪威第三大水电生产商和世界最大的综合性铝业集团之一的挪威海德鲁公司（Norsk Hydro），部分出现瘫痪。该公司的服务器在午夜前后出现异常活动，随后人们发现了这次攻击。这次网络攻击在一夜之间加剧，目标是该集团大部分运营部门的信息技术系统。

与主电网隔离是对于关键设施的良好保护方法，电力生产没有因此受到影响。由于这次攻击，海德鲁公司的网站无法访问，只能通过其他社交网站页面进行交流。

该公司的几家为汽车制造商或建筑商将铝锭压制为金属零件的工厂被迫关闭，而其在挪威、卡塔尔和巴西等几个国家的大型铸造厂转为人工操作。

挪威公共广播公司（NRK），引用《网络安全监视》（NSM）的消息称，黑客已经向挪威海德鲁公司索要赎金以阻止他们的袭击，但该组织尚未证实。我们将在第 6 章详细探讨海德鲁公司实施的危机管理。

1.5 极易受到网络攻击的运营部门的例子

1.5.1 电影院

2014 年 11 月，当索尼影业娱乐公司员工打开电脑时，出现了一个骷髅图，并附带勒索信息。此次攻击目的是阻止电影《采访》（*The Interview*）的放映。随后，黑客非法播放了接下来几个月要上映的四部电影。索尼影业因此承受了 2 亿多美元的总损失。

此外，索尼影业员工的个人数据也被黑客窃取，包括姓名、地址、社保号、驾驶证号、护照号和其他身份信息，银行账号、用于商务旅行费用的信用卡信息、用户名和密码、薪酬和其他与就业相关的信息，以及医疗数据。

这次事件后，电影行业的公司的管理变得极其安全：外部服务提供商，如配音公司，在接收加密文件，或文件读取时需要双重或三重身份验证。任务是分开的，因此只有非常有限的人可以访问整部电影。进入剪辑、配音和录音室非常安全（通过徽章或面部识别进入）。信息流不断受到监控。因此，可以快速发现异常，并识别和制裁肇事者。

1.5.2　银行

尽管没有一家银行能够完全避免事故，但银行多年来加强了自身 IT 系统的安全性，特别是在欧洲银行管理局（EBA）或法国审慎监管和解决机构（ACPR）的授权下，这些机构将网络攻击的风险视为主要风险，特别是因为银行、金融市场、客户和供应商的信息系统是相互关联的。

所有银行的支行的活动，包括市场活动、个人或公司客户的运营、融资和数据处理的建立（银行处理的数据量巨大），都受到数字化转型的影响。这是服务、新产品开发和竞争优势方面的一个关键问题。

因此，网络安全威胁是银行的主要关注点，银行需要加强其信息技术资源和控制系统。近年来针对银行或银行网络的网络攻击凸显了网络攻击风险对银行生产或品牌形象的潜在影响。

数字信任对银行至关重要：如果一家银行不能确保支付手段的运作和安全，不能获得高质量的信息，如果它是网络攻击的受害者，黑客能在银行和客户不知情的情况下进行转账，如果它不能保护客户的数据，客户怎么能信任它呢？

ACPR 风险管理机构确定了三个主要风险主题：信息系统的组织及其安全、信息系统的运行和信息系统安全。

瑞士联邦金融市场监管局（Swiss Federal Financial Market Supervisory Authority）认为，网络攻击是银行的主要风险（2018 年 3 月 27 日）。瑞士联邦金融市场监管局负责人指出，防御系统的有效性是以其最薄弱的环节来衡量的，并邀请该领域的参与者在这方面加倍努力。

瑞士信息保障报告和分析中心（the Reporting and Analysis Centre for Information Assurance）公布的统计数据显示，记录在案的所有网络攻击中，有三分之二与金融部门有关。

在瑞士，每天有多达100起针对电子银行解决方案的攻击。

网络话题是银行经理们最关心的问题。埃森哲和美国研究机构Ponemon对七个国家（法国、意大利、日本、美国、德国、意大利和澳大利亚）的254家公司进行的一项研究表明，在过去五年里，入侵金融机构计算机系统的数量，已经达到过去的三倍。

银行和其他保险公司的系统平均每年遭受攻击高达125次，而2012年只有40次，相比之下，银行业以外的公司平均每年遭受130次攻击。看起来这些攻击似乎不是因为财务（至少银行是这么说的）。

但是，尽管这些重复的安全漏洞几乎不会导致资产缩水，但会导致服务中断，并威胁客户数据和资产的完整性。它们对服务质量（"服务中断是由于维护操作"）和客户对银行的信心有影响，客户如何放心将钱委托给定期提供无法访问的在线服务的银行？

拒绝服务的范围可以定义如下。埃森哲表示："银行对恶意软件等传统攻击的抵御能力已经超过其他经济行为者，但它们对系统饱和，并导致拒绝服务的攻击仍然非常敏感。"2018年1月底，荷兰国际集团（ING）、荷兰合作银行（Rabobank）和ABN Amro银行遭到"拒绝服务"（服务器同时发送大量请求）攻击。在荷兰，这些银行数小时内无法提供在线服务。

这种更复杂的威胁代价也是更昂贵的[一]。根据研究，机构平均花费25万美元来处理拒绝服务，相比之下，使用劫持数据的软件或任何其他恶意软件进行攻击，其费用不到10万美元。

这助长了网络犯罪成本的膨胀，在过去三年里，金融部门的网络犯罪成本大幅上升。研究显示，平均而言，2017年公司为保护自己花费了1828万美元，

㊀ 来源：https://www.lesechos.fr/2018/03/le-risque-cyber-est-de-plus-en-plus-menacant-dans-la-finance-987502.

而 2014 年该数字为 1297 万美元。这些金额远远超过工业、航空、科技和卫生领域的参与者投入的金额：该报告估计，所有运营部门承诺每年花费 1170 万美元来保护自己。

随着手机银行和新技术的兴起，这种威胁势必加剧。

正如 BPCE 集团现任首席执行官劳伦特·米农（Laurent Mignon）（当时他是 Natixis 的首席执行官）于 2018 年 2 月 16 日在 *Les Échos* 中所说的："银行系统唯一的系统性风险就是网络风险。"同时他补充道："金融系统比其他行业更清楚这种风险。监管机构多年来一直确保这一点得到关注。"

2019 年 5 月，欧洲中央银行（European Central Bank，ECB）执行董事会成员 Sabine Lautenschlager 报告称，2017 年 7 月—2018 年 9 月，欧洲中央银行总共收到 66 起重大 IT 安全事件报告。她说："我担心我们虽然掌握这些事件，但是却无法提供局势的具体概况。"

需要注意，针对一家欧洲银行机构的第一次重大网络攻击发生在 2016 年英国连锁超市的子公司。特易购银行（Tesco Bank）的 4 万名客户的账户遭到黑客攻击，据报道，其中 2 万人被欺诈性提取现金。2017 年 1 月的一次拒绝服务攻击，以英国几家主要银行为目标，导致劳埃德银行（Lloyds Bank）在线服务两天内无法使用。

2019 年 6 月，法国当局宣布，七国集团成员首次组织了一次金融领域跨境网络攻击的模拟。这项工作由法国银行协调，必须有来自七个国家的 24 个金融机构（中央银行、监管机构、财政部、市场管理机构）参与。法国、意大利、德国和日本的私营部门代表也将参与。

此外，弗朗索瓦·维尔罗伊·德·加勒豪认为，还有必要对网络事件进行"共同分类"，并提供更多信息，来衡量威胁的强度、复杂程度及其演变。

"现在是金融机构采取激进措施，加强打击网络攻击的时候了。虽然既昂贵又复杂，但绝对必要。"法国财政部长布鲁诺·勒梅尔（Bruno Lemaire）在 2019 年 5 月表示。

1.5.3 卫生部门

卫生部门，特别是医院，是反复遭受攻击的部门之一。这些部门安全投资不足，尽管网络安全被卫生设备供应商视为一个主要问题。

事实上，医疗记录包括与相互保险或保险合同相关的信息，以及账单信息，这些信息允许黑客进行身份盗窃验证和有利可图的欺诈。

医院往往得不到很好的保护：缺乏资源、预算不足、行政负担、治理困难（医疗专业人员和职能团队之间的权力平衡），而且医院又无法停止运营，因为一旦医院停摆，无疑会增加病人的风险。因此，他们是网络犯罪分子感兴趣的目标。

网络安全风险投资公司预测，2018—2021 年期间，通过勒索赎金（将个人数据作为人质的恶意软件：它对个人数据进行加密，然后要求其所有者汇款以换取解密密钥）进行的计算机攻击，将增加五倍。

在美国，美国食品药品监督管理局（Food and Drug Administration，FDA）于 2019 年 3 月 21 日警告称，美国美敦力（Medtronic[㊀]）的一些联网医疗设备（包括植入式心脏除颤器）存在网络安全漏洞。FDA 坚持认为："公司必须采取措施监控和评估网络安全漏洞风险，并积极主动地披露这些风险。"同时 FDA 补充说，任何连接到通信网络的医疗设备都可能存在安全漏洞，尽管这些设备和软件也可能提供更安全、更方便和更快速的维护。

到 2018 年 10 月，美国美敦力不得不禁用了全球约 34000 个 CareLink 编程设备的互联网更新，以便医疗保健专业人员可访问现有的起搏器，因为这些设备的系统容易受到网络攻击。

1.5.4 旅游和商务酒店

近年来，旅游和商务酒店行业多次受到攻击。2018 年 10 月，雷迪森奖励计划（Radisson Rewards program）成员的姓名、邮政地址、电子邮件、公司名

㊀ 美国美敦力公司 (Medtronic, Inc.) 成立于 1949 年，总部位于美国明尼苏达州明尼阿波利斯市，是全球领先的医疗科技公司，致力于为慢性疾病患者提供终身的治疗方案。

称和电话号码被盗事件被披露。这些成员们收到了通知，以便能够发现任何可疑活动。Radisson 建议他们不要回应奖励计划关于他们个人信息的任何请求，包括用户名和密码。

2018 年 6 月，法国雅高酒店（Accor Hotels）的子公司酒店预订网站 Fastbooking 遭到黑客攻击，数百家酒店 2017 年 5 月和 6 月的预订客户的姓名、电子邮件地址和信用卡号被泄露。

2018 年 3 月，Expedia 的子公司 Orbitz 发现 2016 年 1 月—2017 年 12 月曾遭到严重的攻击。在近 24 个月的时间里，专门从事预订航班和在线旅行的网站一直存在安全漏洞。

2016 年，凯悦酒店（Hyatt Hotels）集团报告了 250 家酒店的信用卡数据被盗事件。同年，希尔顿（Hilton）、文华东方酒店（Mandarin Oriental）、特朗普酒店（Trump Hotels）、喜来登酒店（Starwood Hotels）及度假村国际集团（Resorts Worldwide），都成为网络攻击的目标。

对于那些可能成为欺诈和身份盗窃受害者的人来说，对连锁酒店持有的个人数据进行黑客攻击是一个问题；有时，这也是关于个人活动的秘密数据。

1.5.5 关键国家基础设施

1.《法国军事规划法》

关键国家基础设施的 IT 问题，可能会对该国及其他地区的运行产生系统性影响。在法国，大约有 200 个实体被视为交通、能源、金融、卫生和电信部门的关键国家基础设施。这些公司受到国家的特别监督，并受到 2013 年通过的《法国军事规划法》（LPM）、2015 年发布的法令和 2016 年通过的《欧盟网络与信息系统安全指令》（NIS）指令等监管义务的约束。

法国国家网络安全局的使命是支持至关重要的运营商保护其敏感的信息系统。这些系统使得识别对国家生存至关重要的设施的私人和关键国家基础设施成为可能。2013 年《法国军事规划法》，规定了一些与关键国家基础设施网络安全有关的规则，并界定了它们在保护其关键信息系统方面的责任和义务。

因此，它要求关键国家基础设施由合格的组织（小型工业审核方）对其重要信息系统（VIS）进行审查，并为信息系统和合格的检测系统采取安全措施。对于关键国家基础设施，必须立即报告严重影响基础设施服务的事件。

关键国家基础设施的各种网络安全规则涉及信息系统的控制（绘制和维护安全条件）、安全事件的管理（关键事件的日志和这些日志的分析、实施传感器以检测异常、实施事件管理组织、处理警报、事件处理、危机管理）和系统保护（识别、认证、访问管理、管理员账户管理、信息系统分区、流量管理、远程访问、更新管理、安装新设备或实施新服务的程序）。

2. 高级职员和董事的问题

由于合规是董事会的一个主要关切点，合格的关键国家基础设施公司的董事应当了解风险并确保遵守这些规则。

对于国家基础设施没那么重要的公司，其董事也可以应用这些规则，以提高公司网络安全成熟度。

1.6 高级职员和董事的职责

攻击与公司的所有部门相关，公司的可持续性也可能因为严重的攻击而岌岌可危，公司的价值也可能会受到野蛮冲击。因此上市公司或大型家族企业的股东以及利益相关者，可以合理地质疑董事会和股东是否一直关注这个问题，并采取了必要的措施。

他们有能力吗？他们问对问题了吗？他们收到什么信息？

1）谁负责 IT 安全？即使这个职位不存在，也必须有人负责信息系统安全。谁来负责？他们的职责范围是什么？

2）我最后一次听说网络安全是什么时候？将该主题列入纽约商品交易所（Comex），议程既简单又重要。首先，这个主题提高了高层管理人员的能力，更贴近实际的方法。季度审查，即使是快速审查，也是一个不错的节奏。你的首席信息安全官（CISO）还可以通过展示呈现媒体转发的网络攻击案例，公司是如何关注或会如何反应的。

3）我什么时候给全公司讲过网络安全的？你上一次发信息提高团队意识是什么时候？他们意识到主要风险了吗？必须定期开展宣传活动以提高认识。

4）对我公司的攻击有多激烈？所有公司的信息系统都受到攻击。你知道那些影响公司业务的攻击数量和频率吗？你知道你的团队是否已经成功阻止了一次大的攻击吗？

5）我个人暴露了吗？你是公司战略的核心，也是首要目标，你的媒体形象会引起黑客的兴趣，黑客会衡量你的成熟度和对网络安全的兴趣。因此，保护自己的首要方法是从应用推荐的规则和说明开始，这些规则和说明本身就受到员工的尊重。他们会更加为你的榜样作用所深深激励。

第2章 公司治理与数字责任

2.1 公司治理和利益相关者

正如埃尔韦·吉鲁（Hervé Guillou）[㊀] 在2016年10月的一次会议上所说，网络安全的目标既是公司的经济发展问题，也是国家安全和适应能力问题。说它是经济问题，因为网络安全是公司数字化转型的催化剂，是保护国家工业和知识传承的核心，因此也是法国的核心价值。

埃尔韦·吉鲁表明："毫无疑问，网络安全的主题肯定是企业领导人和董事会的主要关注点。它直接关系到公司的形象、可持续性、战略和商业定位，因此完全符合公司的企业利益。"

良好治理的主要目标是确保股东和所有利益相关者对公司的可持续性报有信心。这些利益相关者中，有的投资了公司，有的本身是公司员工或分包商，有的是关键合作伙伴、参与信贷设立的银行、税务机关或社会组织。

治理是协调股东、董事会和管理者三方关系和权力的系统，以确保公司管理得当、创造价值、限制风险、指导战略决策、监督战略的适当执行和控制公司业绩，以确保股东的最佳利益，同时有助于维护所有利益相关者的利益。

董事会的主要职能是代表股东、指导战略、任命和控制管理层。由于经济日趋复杂，特别是与国际竞争、强化的国际监管环境，以及正在改变的商业模式与公司组织及生态系统的新技术的出现关联，董事的作用有所增加。所有这

㊀ 法国海军集团总裁兼首席执行官（President and Chief Executive Officer of Naval Group）。

些现象引发了新风险，增加了董事会的责任，因此董事会必须加强技能并提高警惕。

经济的数字化转型对股东、董事会和所有利益相关者的可用信息产生严重后果。公司管理机构面临的新挑战很多，如公司声誉、股票价格波动、非实体化运营、董事会信息保护、去中介化和新参与者的出现，这些都会对公司估值产生重大影响。

2.2 股东

新竞争对手带来战略风险，此外，公司的数字化转型、公司信息系统与客户、供应商、银行和行政部门的联系，都增加了信息技术风险和诈骗风险，使公司易受攻击，所有这些都可能导致运营出现问题或造成数据泄露。

2.2.1 公司估值

公司的估值取决于公司的战略和执行。数字化战略的各方面至关重要。数字化转型本身不是目的，而是用于进入新市场、开发新产品、提供新服务、改善销售、生产和管理流程的手段。

此外，公司的恢复能力对股东和价值创造至关重要，即重启公司信息、生产或销售系统并保护这些系统的能力，预测危机、建立解决方案以检测和应对事件的能力，以及在攻击后采取正确纠正措施的能力。

2018 年普华永道（PricewaterhouseCoopers，PwC）[㊀] 法国公司对大约 30 起事件进行的研究表明，超过一半的公司在事件发生一年多后遭受了 10% ~ 20% 的股市损失，因此失去了市场信心。大约 20% 的公司由于良好的危机管理、网络安全措施和投资实施，以及相应的沟通，恢复了市场信心，价格虽然在前

㊀ 普华永道国际会计事务所，全球顶级四大会计师事务所之一，由原全球六大会计事务所中的 Price Waterhouse（普华）与 Coopers & Lybrand（永道）成功合并而成。1998 年 1 月 1 日更名为 PricewaterhouseCooper，总部位于英国伦敦。

10天下降了6%，但在接下来的6～12个月内便有所回升。

如果事后证实网络攻击是因疏忽所致，就会对股价产生影响，如美国的世界纳（Equifax）[㊀]（公司管理者未遵循政府的软件更新建议，股价下跌40%）或英国的Talk Talk（由于敏感数据未加密，股价下跌了30%），但如果已经采取管理措施（一般管理、IT管理和IT安全部门、安全政策、培训、加强IT和安全预算），客户也没有丧失信心，就不会对股价产生持久的影响。

因此，市场反应取决于董事会和经理在事件发生前后的应对技能和警惕性，以及对数字问题的意识、董事会组织的反馈和实施的程序，特别是对于风险摸底的评估。

无论风险领域如何，董事会中的网络回避者都不是股东可以倚重的人，尤其是在所有网络安全和数据保护问题上。

相反，即使没有一家公司能够始终保持不受网络攻击、计算机崩溃和数据泄露的威胁，但是积极预测、保持警惕并实施网络安全系统，也将是公司保持声誉并获得所有利益相关者信任的资本。

2.2.2 网络评级机构

网络评级机构已经发展起来，总部目前设在欧洲。发展网络评级机构的目标是对公司资产的网络安全事实和事件予以重视，并与最佳网络安全标准和做法进行比较。

机构投资者、基金投资者或激进股东更愿意参与公司治理。激进股东想知道他们投资的公司是否安全。客观上，网络安全将越来越成为股东的话题（价值损失的风险）。

由于价值损失风险巨大，股东会越来越多地去了解公司采取了哪些措施，去了解风险和补救措施，并对新法规的合规性及客户对公司数据的保护能力，

㊀ 世界纳（Equifax），1899年成立，是美国三大信贷机构之一，公司在全球拥有超过8亿用户和超过8800万家企业信息。

特别是对客户的数据能力保持警惕。这种信任将取决于公司如何收集和保护其持有的数据，尤其是对于客户数据的处理方法上的透明度。

在标准普尔（Standard & Poor's）提请人们注意网络风险，尤其是银行业的网络风险后，穆迪（Moody）将网络安全纳入评估公司的标准。若风险巨大，所以投资者必须知晓网络攻击的保护级别。

穆迪在 2015 年 11 月底警告称："我们希望公司成立网络安全指导机构。" IT 安全经理不再是唯一敲响警钟的人。

2.2.3　内幕交易

网络事件后，需要对内幕交易风险提高警惕。世界纳（Equifax）是一个著名的反面案例。2017 年 9 月，美国信贷机构世界纳发生重大数据泄露，1.43 亿用户不幸成为受害者。数据泄露是在 2017 年 5 月中旬—7 月发现的，并于当年 9 月初向市场公布。公布后，世界纳的市值蒸发了 40%。

美国证券交易委员会（Securities and Exchan Commission，SEC）指控世界纳几名高管在黑客攻击个人数据（姓名、社会安全号码、出生日期等）的消息传出前抛售股票，该事件被公之于众。

据称，网络劫持使该公司损失了 1.5 亿多英镑，声誉和客户也损失很大。据调查，公司管理人员对网络安全系统特别疏忽。

2017 年底，冲上美国新闻头条的另一个案例是英特尔首席执行官在英特尔处理器的关键漏洞被披露前和该漏洞被发现数月后，以 3900 万美元（2500 万美元资本利得）的价格出售了自己的部分股份。

此外，美国证券交易委员会认为网络安全是所有公司面临的重要问题。它要求上市公司向市场通报情况，对网络攻击进行详细说明，因为网络攻击事件可能危及公司的未来。

美国证券交易委员会制定规则，禁止上市公司经理在获悉可能影响股价的信息时，抛售股票。

因此，我们建议根据事件发生的时间及其对影响股价的事件的了解程度，将这些股票的销售规则告知持有股票或股票期权的员工。

2.2.4 激进股东

从2007年到2017年，“激进”投资基金的管理金额从270亿美元增加到1630亿美元。这些激进基金的特点之一是以短期或长期的战略眼光干预上市公司的管理。

欧洲最近发生的事件是关于儿童投资基金（TCI：The Children's Investment Fund）的，该基金对赛峰（Safran）[㊀]收购苏地亚[㊁]提出质疑，认为公司“估值过高”且“不理性”，还“鼓励”空客（Airbus）出售其在达索（Dassault）[㊂]的股份。对冲基金Third Point要求雀巢（Nestlé）进行重大战略调整，出售雀巢在欧莱雅（L'Oréal）的股份。瑞典激进基金Cevian Capital收购了蓝格赛（Rexel）[㊃]的股份，修改了蓝格赛执行委员会，并启动了资产处置计划。Cevian Capital还带领ABB（瑞士先进技术和世界范围内数字行业的头部企业，在上述领域拥有四个领先的业务部门：电气化、工业自动化、移动性和机器人）抛售电网股份，占其所抛股份的三分之一。

对上市公司来说，激进基金进入资本市场从来都不是一件小事。激进基金干预舆论的目的对他们要纠正的缺陷进行谴责，以加速价值的创造（通常在短期内）以及其与股东的股份。

从战略角度来看，公司促进数字化转型，加快适应新市场准入、竞争、产品与服务，提高生产能力，是避免激进资金的最佳手段。

㊀ 赛峰电子防务（Safran Electronics & Defense）是一家专门从事光电、航空电子和电子系统，以及海军、航空和航天领域的民用和军用软件的法国公司。

㊁ 苏地亚是拥有一百多年制表历史的瑞士手表设计制造商，该公司在瑞士钟表制造领域中占据着非常重要的地位。

㊂ 马歇尔·达索工业集团（Groupe Dassault）是法国的一家控股公司，由达索家族所有，总部位于巴黎，涉足航空制造、国防、工业系统等产业，控股的公司包括达索航空、达索系统、费加罗报等。

㊃ 蓝格赛集团：全球最大低压电器经销商，1967年创立于法国，在全球27个国家拥有销售网点1900个。

从公司声誉、客户与相关利益方对公司的信任度来看，信息系统安全和数据保护也是避免估值蒸发、激进基金进入资本市场、公司遭遇残酷重组的最佳方式。

对管理者而言，真正的问题（股东诉讼、资本重组，以及激进股东在得益于股价下跌后的股权投资）出现在网络安全事件发生和股价下跌之后。

公司要忙于危机管理、信息技术资源运作，要与客户和媒体进行沟通，要应对争议和调查，与此同时，还面临股东们的纷扰，还会有股东公开要求主要董事辞职。

高管辞职与股东纠纷，已经影响了塔吉特（Target）、温德姆全球（Wyndham Worldwide）、TJX 公司（TJX Companies，Inc）㊀和哈特兰（Heartland Reamer & Tool Co.）㊁支付系统。其他公司同样也会深受影响。

2.2.5　证券交易主管部门

美国证券交易委员会非常关注网络犯罪对公司的影响。该公司在 2018 年 10 月发布了一份针对上市公司的网络诈骗报告（Cyber-Related Frauds Perpetrated Against Public Companies report），此前该公司对 9 家遭受网络诈骗的上市公司进行了调查，发现这些公司的高管或供应商因收到虚假电子邮件而遭受网络攻击，被骗（支付给外国账户）金额有 100 万～4500 万美元。

许多诈骗并不复杂。正如网络攻击中最常见的情况一样，犯罪分子依赖技术、程序缺陷和人为漏洞，使得控制环境无效。

有时规程是正确的，但工作人员没有受过相关培训，不知道使用新技术进行的与网络犯罪相关的风险，如身份信息被盗。

鉴于网络犯罪的高度恶意性质，美国证券交易委员会将继续在监管美国公司的网络行为方面发挥主导作用。

㊀ TJX 公司是服装和家庭时尚低价零售商，公司总部设在波士顿，在北美地区和许多欧洲国家开有连锁分店，在美国就有 2500 多家分店。

㊁ Heartland：美国供应商，主要业务为 Heartland Reamer & Tool Co. 品牌所有型号产品供应。

2.2.6 年度报告

年度报告是股东了解公司治理、战略、账目、风险和风险预案，以及将风险转移给保险公司的一种手段。

法国金融市场管理局（AMF）要求上市公司公布某些信息。这些上市公司在股东大会上，只需要年度财务报告，包括公司年度报表和合并财务报表、管理报告以及法定审计报告。

注册文件提供更完整的公司信息，比年度报告篇幅更长。它包括市场活动、产品和服务的说明、集团组织结构图、财务状况分析、主要股东、公司与合并财务报表及其附录。注册文件内容非常丰富，包括会计规则和方法、公司财务状况、有形和无形固定资产、在合作公司中的持股情况等许多因素，还提供了按部门或地理区域划分的盈利能力。

因此，注册文件是一个极好的信息来源。它整合了关于风险（包括与信息系统相关的风险）和已实施措施的信息。2017 年发生了著名的“网络攻击事件”（Notpetya 和 WannaCry），从那时起，法国大多数 CAC-40 指数[㊀] 公司开始沟通交流注册文件信息。

非常奇怪的是，仍有几家大公司没有公布这些情况，似乎网络风险并不存在。的确，公司不想在公共领域暴露它们自身的弱点。

尽管如此，重要的是让股东了解委员会的职责，并知道这些问题是否已列入董事会或委员会的议程，是否已任命独立专家对组织、流程、系统和安全政策进行审查。

总之，年度报告描述了董事会的组成、每位董事的职业道路、专业技能、委员会的组成，以及本年度内所开展的工作。

有些公司年度报告非常简短，董事会没有相应的技能，专门委员会（审计/风险）每年讨论年度报告的次数小于两次。这种公司的法律风险越来越大，应

㊀ 法国CAC-40指数是法国股价指数，由巴黎证券交易所（PSE）以前40大上市公司的股价编制，基期为 1987 年年底。该指数从 1988 年 6 月 5 日开始发布，反映法国证券市场的价格波动。

予以关注。我们将在第 3 章详细讨论。

2.3 董事会

2.3.1 事实

75% 的公司没有做好网络安全准备，也没有引起足够的怀疑。斯宾塞·斯图尔特（Spencer Stuart）[㊀] 2016 年的一项研究显示，4000 名受调查的管理员认为，网络安全风险是第二大威胁（第一大威胁是过度监管）。

2017 年，斯宾塞·斯图尔特对美国董事会网络安全的调查揭示了以下事实：

1）大多数董事会（69%）将监督网络安全的责任分配给董事会的一个专门委员会；而 26% 的董事会表示，董事会将作为一个整体对网络安全风险进行管理。

2）57% 的受访者表示，应该由审查委员会监控网络安全。在其他董事会中，网络安全风险分别由风险委员会（7%）、技术委员会（4%）或提名和治理委员会（2%）监管。

3）64% 的受访者报告称，董事会或委员会在过去一年里制订了针对网络侵权的危机管理计划。

2.3.2 董事会的四大使命

在董事会内，董事以合议的方式参与公司管理，决定公司的方向和政策（由总管理层实施）并控制公司的运营。董事会的四大使命如图 2.1 所示。

董事必须发挥“监督”职能，从而向利益相关者保证，确保公司的管理者着眼于公司的可持续性和可持续业绩。董事会是信任的重要因素。

㊀ Spencer Stuart 是全球领先的猎头公司，成立于 1956 年，总部设于芝加哥，承接全球性咨询业务，在 30 个国家拥有 56 个办事处。

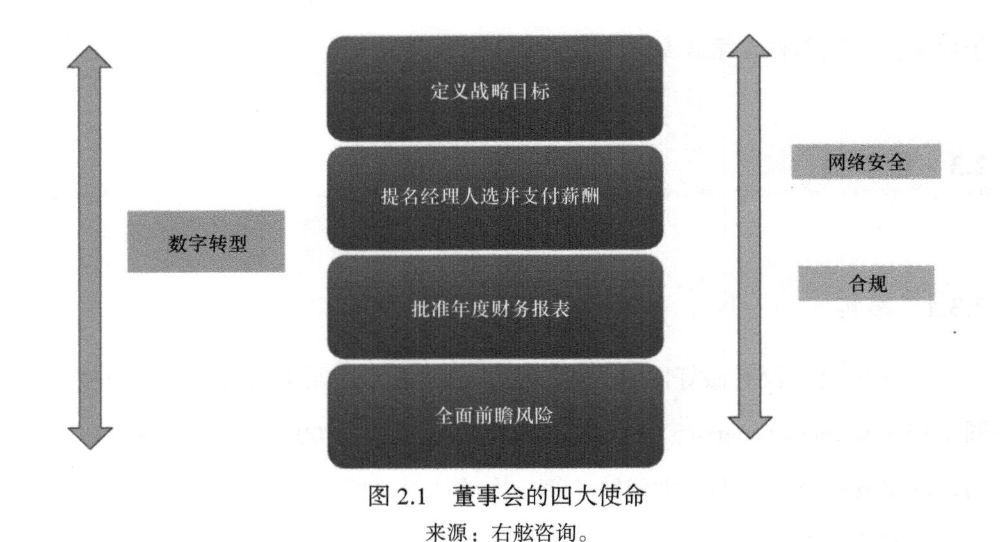

图 2.1 董事会的四大使命

来源：右舷咨询。

信息技术发展涉及董事会的方方面面：

1）战略目标的定义：市场准入、商业模式、通过数字渠道营销、新产品设计、生产、分销和管理。

2）经理的任命：考虑实现目标所需的技能，怎样改变公司文化，以及通过培训支持变革。

3）关闭账户要求确保信息质量，从而确保信息系统安全。

4）对于风险状况，应考虑网络风险及其对财务绩效的潜在影响、不合规风险和声誉风险，尤其是在数据泄露（个人、知识产权、战略数据）之后。

2.3.3 民事和刑事责任

一场重大灾难可能会影响公司的财务健康和自身资产，使管理人员走上法庭，承担法律责任。高管的民事和刑事责任如图 2.2 所示。

如果是管理者的过错，管理者只承担民事责任。例如，由于缺少备份致使公司遭受了对管理者非常有害的数据丢失。如果有证据表明过错由缺乏组织措施或缺乏对公司信息系统的保护所造成，也会产生民事责任。根据法国 2004 年 8 月 6 日发布的关于数据处理、文件和自由的第 2004-801 号法令第 34 条：

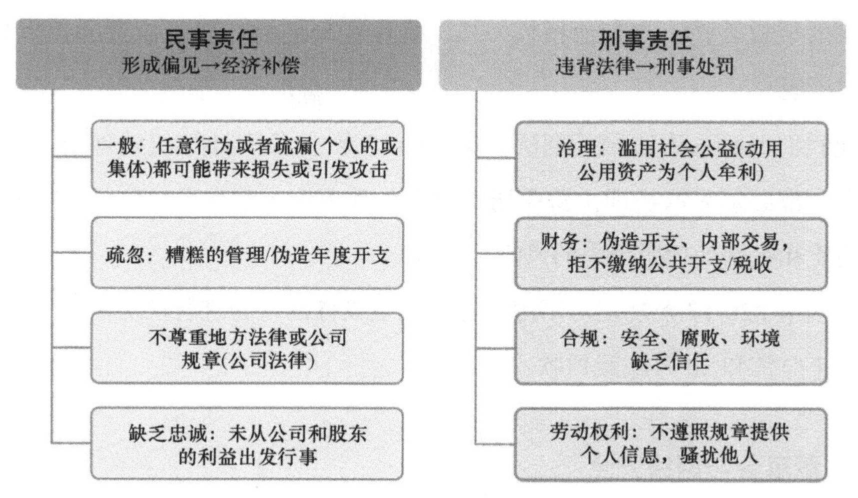

图 2.2　高管的民事和刑事责任

来源：右舷咨询。

考虑到数据性质和处理过程中存在的风险，数据控制者必须采取一切必要的预防措施，以保护数据安全，特别是防止数据被未经授权的第三方篡改、损坏或访问。

如果违反数据安全义务，法国国家信息自由委员会将采取严厉的经济处罚。2019 年 4 月 17 日，Optical Center 就曾被罚款 20 万欧元。

因此，管理者必须实施技术和组织措施，保护他们收集到的个人数据免受未经授权、意外或非法的破坏、丢失、更改、恶意传播或访问：阻止入侵和病毒攻击（防火墙、防病毒）、更新、密码管理、访问管理、加密、匿名化、假名化、保护物理信息技术基础设施（场所安全）。

此外，管理人员必须采取法律措施，包括 IT 工具和网络章程（用户和管理员章程）、安全许可政策和程序、数据保留和归档政策、应用程序使用政策、网站连接政策、供应商或分包商的访问政策、移动性政策、个人工具的使用政策、因个人原因使用公司设备访问互联网，以及事故管理政策。

此外，建议在经理和首席信息官（Chief Information Officer，CIO）、首席信息安全官（Chief Information Security Officer，CISO）之间建立明确、有限

且准确的授权委托，与其他授权一样，确保经理们拥有履行职责的技术技能、权力和手段。

让我们回顾一下法国《刑法》第226-17条："负责计算机处理个人数据的任何人，都必须采取物理（营业场所安全）和逻辑（信息系统安全）措施应对数据性质和数据处理所带来的风险。"

法国第226-17条规定对不遵守这一安全义务的行为进行严厉制裁：最高可判处5年监禁和30万欧元罚款。

2.3.4 董事会与网络安全

为什么董事会必须接管网络风险？主要是出于财务、法律和声誉方面的原因。三个优先事项是恢复能力、道德和合规性。与网络攻击相关的风险可能很高，董事会成员不应该等到攻击发生时才评估他们公司面临的风险。

蒙田学院（The Institut Montaigne，由克劳德·贝贝亚尔创建，亨利·德卡斯特里任主席）汇集了企业高管、高级公务员、学者和民间社会代表。这是一个自由的、不受任何政治和经济限制的反思场所。

2018年10月，该学院根据韦斯通（Wavestone）的研究发布了一份报告，报告称只有25%的CAC-40指数集团在执行委员会层面直接处理网络安全问题。只有12%的CAC-40指数公司报告称它们已经启动了网络安全计划。2017年，只有58%的CAC-40公司在注册文件中提到了《通用数据保护条例》。

该研究所强调，管理团队缺乏意识，也没有将网络安全纳入公司战略。研究建议董事准备一份关于网络风险的机密（非公开）报告，并将风险和对策纳入年度报告。

根据《观点之路》（Opinion Way study）的一项研究，54%的企业领导者认为网络安全是信息技术管理层的事情，只有24%的人认为网络安全是高级管理层的事情。然而，正如一些董事所言，这是董事会的战略问题，而不只是运营问题。

1. 掌控公司的数字命运

有效的网络安全，始于董事会成员和高级管理人员的风险意识，他们必须认识到公司随时可能受到攻击。因此，风险摸底是起点。

网络风险是一种你不得不习惯与之共处的风险。确保机制到位，使公司更具可恢复性（特别是保证系统的可访问性、正常运行、信息的保密性和完整性）。董事和高级职员有责任控制这一风险。

确保监控公司风险管理体系的有效性是董事会的法律义务。因此，有必要确保运营经理了解网络风险和最新法规，如果公司规模允许，则为公司提供全球风险管理系统。

最后，风险分析可能导致风险向保险业的转移。尽管网络风险复杂且难以量化，特别是由于缺乏历史损失数据，且各种事故案例范围广泛，但保险公司已将自己置身于网络风险市场，并拥有一个分析网格，使公司能够更好地了解自身风险和保护水平。

如第 2.2.2 节所述，评级是董事会，尤其是审查委员会的一个工具和警惕点。他们允许进行快速审查，并监控改进的进度。最好在评级公开前就对其进行预测。

2. 重塑董事会?

董事成员不全是，也不应该是信息技术专家。除了数字战略和商业模式的转变，理解法律、威胁、风险、后果、角色和责任以及保护公司的方法仍然是必要的。

董事会和经理面临的困难很多，尤其是缺乏能让所有人理解的网络安全问题通用词汇，同时也缺乏评估、管理、比较和决定网络表现的客观数据。

首先，这是一个改善 IT 部门和公司其他部门之间沟通的问题：在发生网络攻击时，四分之一的 IT 决策者不会通知他们的管理层。

企业董事会可以像施耐德电气（Schneider Electric）（2017 年成立数字委员

会）或瑞士历峰集团[一]那样成立安全委员会，能够管理和控制网络风险和危机管理，并为董事提供更多的数字培训：

1）施耐德电气的数字委员会致力于数字战略和性能。每年至少举行三次会议，包括与审核委员会、风险委员会，一起联合审查网络安全风险。通过更深入地研究七个主题来准备董事会的工作：①数字业务的发展和增长；②集团客户和合作伙伴数字体验的改善和转变；③施耐德电气通过有效使用培训技术和数字自动化能力来提高运营效率；④网络风险评估和改善集团在网络安全方面的地位（与审核委员会联合）；⑤评估可能的 M&A 交易对集团数字战略的贡献；⑥监控和分析数字环境（竞争对手和处理器、威胁和机会）；⑦验证公司拥有适合数字转型的人力资源。

2）历峰集团成立了战略安全委员会（Strategic Security Committee ，SSC），每年召开四次会议，职责是就安全政策各个方面向董事会提供建议，目标是保护公司资产，包括机密信息和知识产权，确保运营免受入侵行为的影响。该委员会还负责对财产和人员进行监管。

2.3.5 董事会与数据保护

众所周知，我们已经进入了大数据时代，大数据由捕获、分析、共享和存储数字数据组成。大数据由电子商务提供动力，物联网、自动驾驶汽车或无人机将驱动未来服务。越来越多的公司正在遭受网络攻击和数据泄露，例如雅虎（Yahoo）、世界纳（Equifax）、脸书（Facebook）[二]或英国航空公司（British Airways）。通过对这两个领域的观察，人们提出了数字信任问题，也因此提出了数字责任问题。

数据风险高到足以让投资者，尤其是负责任的投资者参与进来。NEI 投资

[一] 历峰集团（Richemont Group）又译作里希蒙，是瑞士奢侈品公司，它由安顿・鲁伯特 (Anton Rupert) 于 1988 年建立。

[二] 2021 年 10 月，公司改名为 Meta，但 Face book 作为 Meta 旗下产品，依然为 Facebook。——译者注。

公司（NEI Investments）是加拿大的投资公司（负责任投资解决方案领域的头部企业），它的旗下有三只基金持有脸书证券。

2018 年，在脸书年度股东大会上，NEI 投资公司投票反对所有董事会成员，认为他们未能保护用户数据。

根据《通用数据保护条例》（GDPR），损失造成的赔付金额可能会很高，对于大型网络公司和其他参与者来说也很高。对谷歌和脸书的投诉提交后，两家公司总共赔付 88 亿美元。

根据 GDPR，在合规性问题上，公司一般主要有两个主题：

1）公司如何处理收集到的数据？用户是否同意？他们得到了有关哪些服务的同意？

2）如何保护数据和信息系统？

总之，董事会应做到以下几点：

1）获得与其活动领域、战略和风险相适应的技能和委员会。

2）检查网络风险是否在首席执行官的议程上（从首席执行官开始）。

3）告知自己（勤奋）并挑战管理者。

4）在值得信赖的长期服务提供商的帮助下，定期审核系统（组织、流程、工具和团队）。

5）将网络信息纳入年度报告中。

2.3.6 法定审查员

法定审查员的主要职责是证明账目的合规性和真实性。其职责是永久性的，包括对合伙人的义务。通过他们对公司程序和系统的了解，审查员可以发挥真正的作用，特别是衡量公司对网络风险的暴露程度和成熟度，评估可能产生的财务影响（赎金、针对总裁的诈骗、针对“虚假银行账户”的诈骗、罚款），并写一份报告提请经理们注意。

特别是，审查员的作用是警示管理层，以便在发现可能损害公司金融资产的违反 IT 安全标准的情况时，公司能够修改规则，并改进安全规则的应用。

如有必要，外部、内部审查员都可以向首席财务官或审查委员会提出建议，由外部专家对公司的信息系统和流程进行审查。

法国国家审查委员会（Compagnie Nationale des Commissaires aux Comptes，CNCC）开发了网络审查工具，用于衡量公司的网络风险暴露程度和成熟度，评估财务影响，并为管理者撰写报告。

审查员可以被视为董事会的合作伙伴，既可以认证账目，也可以认证公司的网络表现，如流程、组织和信息系统。

2.3.7 董事会的数字责任

除了网络安全和数据保护问题，董事会还必须协调社会环境责任和数字化责任。

事实上，数字化转型、自动化和机器人化会带来一些后果：

1）社会方面：就业（某些工作机会的消失和某些行业的搬迁）、技能、人员就业能力、公司的组织、工作方法、劳动立法（远程工作、工作场所和家庭之间边界的消失等），以及培训。

2）环境方面：不可再生资源的枯竭、能源成本（IT 是电力的主要消费者，能源成本随着整个社会的数字化转型而增加）、设备回收。

可以通过远程工作（视频会议、远程工作、在协同工作中心工作）来抵消数字技术引起的能耗增加。例如，异地数据交换就可以实现压缩旅行成本、文档的非实物化、产品和软件的生态设计、增强员工对生态负责行为意识，以及购买使用能耗低的设备、进行更好的建筑管理、进行行为的适应和优化，从而实现更好的生态和能源过渡。

因此，除了公司的安全性和可持续性之外，确保数字战略的社会和环境影响，将是董事会和数字委员会（如果成立的话）的责任。

2.4 客户和供应商

在线销售或网上银行等 B to C（企业对消费者）活动中，客户满意度与企业产品或服务提供商的网络安全措施和数据保护措施密切相关。

客户对供应商的信任不仅与所购产品或服务的质量有关，还与网站的质量和安全性、支付方式、供应商在这些交易过程中收集和存储数据的保护程度，以及连接网站时同意或拒绝的解决方式有关。

网络安全和客户数据保护工作既有成本，也有重要的竞争优势。

凯捷数字化转型研究院（Capgemini Digital Transformation Institute）2018 年对 6000 名消费者进行的一项研究表明，在选择在线供应商时，网络安全和数据保护是第三大重要标准，仅次于产品或服务的质量和可用性，而在销售价格和价格折扣、品牌声誉及产品有缺陷或损坏时被要求更换或退款，都是其次的事情。

在客户请求中，最常见的请求主要包括以下几点：

1）对已保存的数据进行加密。

2）要求设置密码。

3）数据隐私政策清晰、明确。

4）控制存储数据的可能性和该数据存档的持续时间。

5）使用反病毒软件。

6）在网站和应用程序上使用加密工具。

7）手机或指纹双重认证。

研究还表明：

1）消费者对网络安全和数据保护工作的认知，一般低于其供应商所说的或所认为的它们已经达到的水平。

2）如果消费者有更多的保证，他们会在网上购买更多的产品。

造成这种差异的主要原因如下：

1）连接对象故障、职责不清晰、基础设施陈旧、安全工具不足、易受攻击的支付系统、缺乏数据加密和员工失误。

2）供应商对所做的工作缺乏沟通。

3）数据盗窃缺乏透明度（2015—2017 年，40% 的在线零售商泄露了个人和机密数据）。事实上，31% 的供应商（零售商）在得到媒体告知前没有通知客户。GDPR 监管应提高透明度，因为公司要在 72 小时内报告有关部门（例如法国国家信息自由委员会、英国信息专员办公室，并在高风险（例如信用卡被盗）情况下，告知客户。

研究结论主要是建议获得客户信任、获得更高的营业额：

1）了解他们的期望，领先于黑客，站在网络安全设备的最前沿；集中精力保护收集的数据。

2）每天监控和审查信息系统和交易，以发现异常情况。

3）定期培训员工，系统地培训新员工（电子商务活动中员工流动率高）。

4）加强安全措施：防病毒（防火墙）和身份验证系统（具有足够的密码长度）。

在发生数据泄露后，电子商务公司通常会采取两个主要行动：实施解决方案以保护自己免受高级持续威胁（Advanced Persistent Threat，APT），建立监控操作中心（Surveillance Operation Center，SOC）以检测和防止诈骗。数据成本计算、系统和网络重新设计、招聘专家和司法调查等行动未列入优先事项。

2.5 业务领导

2.5.1 数字化转型的影响

董事会必须自省自身运营管理层的数字技能问题，运营管理层负责定义并向董事会提出战略，即寻求数字革命和一般管理层之间的平衡，这样有利于加强管理委员会，重新平衡管理委员会，并在新技术框架下对其进行培训。

事实上，这些提供了新的机会，对工作方法、公司的组织和文化、等级联系以及与外部世界的关系，产生了强大的影响。数字化转型也带来了重大风险，包括缺乏接近性、失去意义、国际化、权力转移、价值链的变化、新职业的出现和传统职业的消失。

数字化转型还需要对薪酬方式进行调整，多渠道改变来自实体网站和个人商业途径的营业额比例，允许信息共享，提高生产率，生产方法与成本的改进，最后期限的调整，以及质量控制，都是基于信息系统和数字控制的引入。

这种转变需要技能、培训、组织变革和投资。

矩阵式组织、中间管理的减少、加速和短期管理、协调会议的增加，当然还有技术挑战、风险网络攻击、投资金额、失去与客户的联系、质量下降以及在价值链中的定位，这些并非没有风险。

2.5.2　数字化战略

公司管理则有责任实施治理和数字战略以应对安全挑战，如数据、产品和信息系统安全（包括一般IT、生产、产品、销售、支持功能）、数据识别和关键系统。

这也是董事会的责任，董事会必须审查数字技术提供的新机会，并审查目标，以确保公司的可持续性。然后，董事会必须选择实现目标的最佳策略，监控策略的执行并分析和控制风险。

使用新的数字技术本身不是目的，而是一种接触新客户和市场，提供新产品和服务，甚至提高公司业绩、获得效率和优化商业模式（售价、成本价、投资等）的手段。

即使这本身不是目的，董事会也不能忽视用数字棱镜从机会和风险的角度来审视目标和战略。当然，对于不同活动领域和不同类型的公司，审查是不同的。

对客户及客户习惯和要求的演变、竞争对手、新参与者及其活动领域的创新，以及对公司流程的可能转变进行深入分析，对董事来说至关重要。董事会应分享监测结果，并对监测信息进行分析。

数字技术提供了新的商业渠道，可以实现从 B to B（企业对企业）模式向 B to C 模式的转换，实现国际化，进行广泛而快速的沟通（网站、社交网络），通过降低成本（生产、库存管理、与供应商和分包商的信息交流、质量改进）来强化自己的品牌，以及提高自身竞争力。

收集的数据质量和对这些数据的分析对于开发商业报价、客户关系和支付方式至关重要。

此外，如果竞争对手发展得更快并占据市场份额，如果执行（商业或生产端）质量不高，或者过分依赖分销平台（在这种情况下，平台的取消引用可能对公司是致命的），或者公司受到网络攻击或受害于互联网上的虚假信息，都可能构成重大战略风险。

董事会将不会系统地保留数字技术，他们可能更愿意与客户保持距离，同时为他们提供使用数字工具的可能性，如果他们愿意的话。复杂性是安全的敌人。

综合考虑安全性和敏捷性的潜在补偿方案

市场调查机构 Censuswide 的一项研究显示，94% 的首席信息官和首席信息安全官会在安全性方面做出妥协，以避免影响公司的业务。

我们都愿意在自己或公司的安全和冒险上做出妥协。在现实中，IT 安全也不例外。但是，就像家庭的物理安全一样，我们住的地方导致有些规则不能违背。投资数字代码，在脸书上发布代码，或者安装对讲机，每个人都无须报上姓名就可以进入，这些都是没有意义的。

同样，如果访问管理没有得到严格管理（删除给予外部服务提供商、定期员工、临时工、实习生的临时访问权限），如果密码没有定期更新，如果信息没有按照公司的安全政策进行访问管理分类，如果机密信息（如董事会信息）的交换没有严格限制在授权人员之内，并且没有安全的存储和适当的加密，那么最复杂的监控工具、防病毒程序和防火墙都没有用。

超安全解决方案的卖家在展示他们的神奇解决方案时会立即表示：对工具、访问、流量的管理、加密与否的决定不是他们的责任。因此，仅仅购买工具是不够的；还需要分析需求，检查与现有 IT 环境的集成情况，对用户进行工具功能、目标和警惕点的培训，然后指定一名管理员，该管理员有权可以定义规则、组织和流程，有权修改、更新、添加并删除文档。

更新是妥协来源的一个很好的例子。根据同一项研究，81% 的受访者表示，他们已经避免部署“重要”更新；52% 的受访者表示，为了不影响公司的运营并避免停机，为了避免影响遗留系统，或者由于公司其他部门的内部压力，他们已经避免部署“重要”更新。为此，在无法再为客户提供服务或客户不能付款之前，优先考虑客户，而不是公司的恢复能力。

安全项目设计一开始就要确保安全

新工具的应用需要项目管理，在项目管理时，必须考虑信息安全的约束（机密性、完整性、可访问性），并且必须定义其规则、组织、程序，以及考虑这些定义随时间的相应变化。这就是所谓的设计隐私。当从项目开始就考虑这些安全约束时，就避免了项目完成或投入使用后安全漏洞和由此带来的复杂的法务工作。

此外，在设计时，也要考虑各种选择。根据给定的预算，我们进行决定：用防盗门代替对外的大门，还是用非防盗门和报警系统？把我们的身份和财产文件以及“家庭珠宝”放在容易拿到的抽屉里、室内的保险箱里，还是室外保险箱里？

对于每个项目，无论是电子邮件、网站、应用程序还是软件实施，都需要事先分析风险和解决方案，以及要收集、交换、保存哪些数据。

这些数据都有用吗？哪些是关键的、敏感的、个人的和机密的？哪些应该受到保护？谁能得到什么？我们是否遵守法律，尤其是《通用数据保护条例》？

2.5.3 数字化业绩差的后果

为确保符合规定，有必要识别收集的数据，核实数据是在征得用户同意的情况下收集的，并且储存在安全的条件下（与首席信息安全官一起）。这些以终端用户为重点的新法规可以被视为商机。

无论规模大小，公司都有责任。经理和董事会不能依赖首席信息官、首席信息安全官或信息技术服务提供商，必须考虑组织、工具和流程，以保护公司战略资产、声誉以及客户和供应商对公司（基金会或协会）的（数字）信任。信任是慢慢赢得的。

对计算机攻击处理不当、数据访问管理不善、缺乏数据分类、缺乏培训和对信息价值的认识都会带来严重后果。客户和供应商的信心将会因此永久降低。

建议利用合格的服务提供商（特别是没有内部资源的中小企业）来审查系统、组织和流程，提高内部和外部利益相关方的认识，提出行动计划建议并监测执行情况。

公司还可以使用工具，用于评估公司即将收购的公司的合规性和网络安全水平，根据公司的运营和职能部门风险管理指标制定解决方案，所有这些部门都是数据持有人，因此应受到保护。

2.5.4 网络安全

网络空间正在成为战场，这不是科幻小说，而是现实。工厂可以被炸弹攻击，也可以被计算机设备攻击。因为工业是相互联网的，联网就意味着有被计算机攻击的风险。

网络安全涉及公司内部的许多职能，包括一般管理、财务管理、法律管理、风险管理、IT 管理等。与项目经理、销售或技术部门的对话至关重要，就安全问题（有哪些风险？）和解决方案进行交流，使人们可以意识到潜在的安全问题，并做出明智的决定（见图 2.3）。

首席信息安全官是公司的合伙人和守护者，他 / 她不应忘记这一职能，如果他 / 她认为某些措施或系统不符合公司的规则，应要求仲裁。与财产和人身安全一样，IT 安全必须得到所有人的重视。

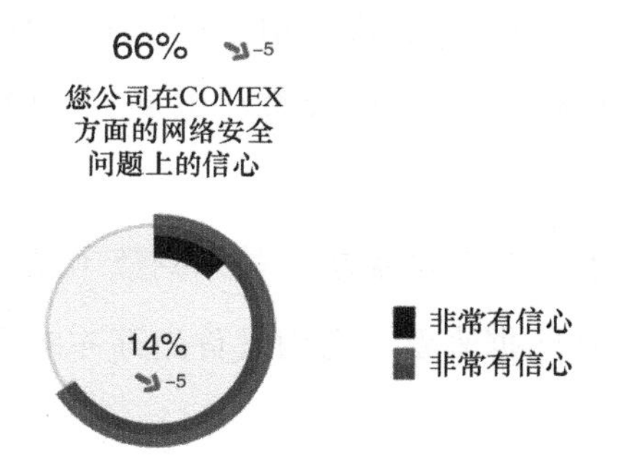

图 2.3　首席信息安全官对其 COMEX 考虑网络安全问题的能力不太有信心

来源：CESIN。有关此图的彩色版本，请参见 www.iste.co.uk/defreminville/cybersecurity.zip。

因此，内部治理至关重要。各种职能部门的作用和责任是什么？首席信息安全官依赖首席信息官吗？发生纠纷时，谁是仲裁人？如果建议首席信息安全官独立于首席信息官，那么首席信息安全官如何与首席信息官、运营和职能部门互动？首席信息安全官向谁报告，由谁仲裁？

确保遵守国际法规、法律和标准的法律部门的干预，是必不可少的。财务部门也是如此，它必须预测出成本和生产率的提高，为投资提供资金并预测额外的安全成本：安全运营中心（Surveillance Operation Center，SOC）、计算机应急小组（Computer Emergency Response Team，CERT）或外包监控的支出，这取决于公司的规模及其活动，以及培训、入侵测试和审查。

内部治理需要明确角色和职责，并建立以下内容：

1）安全程序和政策（仅有一个优秀的首席信息安全官是不够的）。

2）纵深防御：门和警报器，而不是防盗门。

3）通过设计实现安全性。安全性必须从项目开始就进行设计，这比在项目期间或项目完成后再考虑要容易得多，成本也低得多。

4）连续性计划，以确保公司能够继续从事销售、生产和管理活动。

在这种情况下，首席财务官的关注点非常广泛。网络犯罪对公司财务造成的后果包括金融资产、知识产权、品牌和网上广告、声誉、业务连续性、个人数据的盗窃，非法处理、机密信息的泄露、诈骗、赎金支付、数据完整性、发生攻击时的调查成本，以及客户、员工、股东或合作伙伴提起诉讼的成本。

对真正的网络预防文化的需求，关系到整个经济结构，特别是受保护较少的中小企业，从统计数据来看，它们是首当其冲的目标，而且往往侵入大公司的门户。

例如，对于瑞士的中小企业，瑞士国际贸易中心提供了在线安全测试和保护公司的基本建议（见图 2.4）。

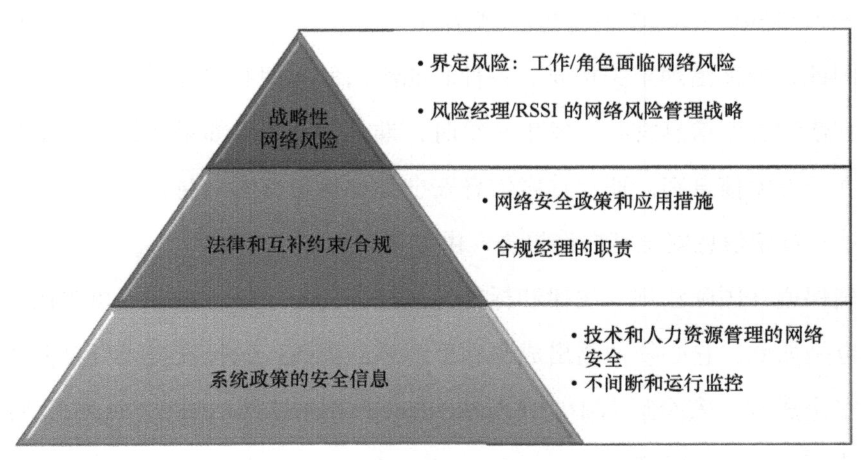

图 2.4　网络风险治理

来源：右舷咨询。

2.5.5　并购和交易

最后，对于并购交易的特殊案例，必须进行网络方面的尽职调查。

事实上，至关重要的是：

1）评估 IT 管理、服务提供商、工具和流程的质量，评估检测和响应事件的能力。

2）审查：网络事故、漏洞、发生攻击时的数据恢复计划、数据保护级别、存储位置和数据传输期间的访问管理。

3）与公司的专家或外部审查人员一起，核实“目标”的网络成熟度、数据的性质及其战略价值、对 IT 法规和标准的遵守情况、IT 事件痕迹，以及网络保险政策。

4）估算保护系统、技术团队和人员培训（多功能和多站点）的成本。

一旦收购完成，将有必要整合、传播和实施集团程序，绘制风险地图，实施网络安全战略，以保护关键资产和管理第三方，并核验应对突发事件的指令是否存在，以确保公司在被攻击时的恢复能力。

2.5.6　治理和数据保护、网络安全

1. 内部数据

为了优化数据收集、更新和归档工作，以及确保对关键数据的分析质量，有必要定义数据治理：确定战略和非战略数据，收集对业务和职能方面的需求，定义公司中每个数据的角色和职责，更新规则（谁、何时、文档）和访问规则（写、读）。

这是一个实际的项目，如果公司成功了，它会节省很多时间并提高质量。这需要倾听所有参与者的需求，理解他们并做出妥协，以便能够共享数据。

严格的纪律和严格规则使参与者对他人提供的数据质量保有信心。对于那些因为害怕失去权力而选择不与他人共享数据的孤岛式公司来说，这是一

个挑战；如果数据生产者能够本着共同的目标行事，那么这个进步定会带来价值。

如果我们在此基础上，再加上数据治理、网络安全资源的充分治理，包括IT职能、运营经理和财务、人力资源和法律职能，以及文化的转型，数字化转型就会成功。

2. 客户数据

客户可以通过销售团队、商店和网站等渠道收集数据。将所有这些数据汇集，本身就是一个问题，需要建立一个销售组织，以便能够通过不同的渠道与客户联系，而不会让客户感觉受到骚扰，同时有必要确保所有客户都在一个共同的基础上。

这里的问题不是处理商业数据的组织，而是出于合规和道德原因，确保对数据的保护。这个问题将在后面的章节讨论。

3. 开放数据和个人数据保护

行政部门产生或收集数据，并且能自由地重复使用数据。而且，与此同时，他们受制于《通用数据保护条例》。有时即使匿名，也可将数据归属到某个人，例如通过交叉引用数据。

这是一个极其敏感的问题，除了信息系统的保护外，还需要具体的数据处理和精确的控制，以避免非法处理。

4. 公共数据——敏锐的间谍?

许多城市和运输公司正在建立视频监控系统。智慧城市通过收集数据来优化汽车流量或能源消耗。

这样做的目的通常是合法的（安全、降低成本），有时只是商业的（一家瑞士初创公司开发了适应路人形象的广告面板），关键在于数据所有者的许可和数据保护能力，因为提供者是私营公司。监控公司和 IT 服务提供商如何处理这些数据？它们把数据存放在哪里？保存多久？谁能接触到这些数据？数据是如何被保护的？问题很多。这些数据的保密性、完整性和安全性，由公共和私人领域共同承担。整个生态系统的质量极其重要。

多伦多市布设了许多传感器，并收集了运营所需的公共和私人数据，这些数据可以识别个人身份，被该市的项目公司 [谷歌旗下的一家公司，名为“人行道实验室”（Sidewalk Labs）] 用于商业目的。

对多伦多居民来说这些数据的使用有什么保证？数据是如何管理的，由谁管理，目的是什么？城市和服务提供商之间的合同和财务联系是什么？居民参与了吗？他们有发言权吗？这些是城市治理问题。

小结 2.1 网络风险是战略风险：说服董事会和管理层的五个理由

1）网络风险是商业风险：公司的声誉和客户 / 供应商 / 合作伙伴的信任受到威胁。

2）向董事会提交你所在行业的数据和趋势，以及真实案例。

3）评估网络灾难场景的财务风险，包括恢复正常业务的成本。

4）向审查员或独立、可信赖的专家索取报告。

5）提请注意合规、刑事责任和金融制裁。

第3章 风险映射

3.1 网络风险

数字技术和数字转型的兴起，给数据保护（战略、个人或客户），以及信息、管理或工业系统的功能及其保护带来了新的威胁。

“网络风险”一词具有误导性。实际上，网络风险是有信息技术原因的商业风险。风险不在于销售，不在于生产，不在于支付或被支付，因为培训系统在支付赎金之前被封锁，或因数据被加密。

声誉受损，无论是数据丢失还是网络诽谤，都可能对公司业务产生影响。网络风险的版图在不断变化，而且很难量化（缺乏历史记录）。

没有零风险这回事。问题不是“我们会成为网络攻击的受害者吗？”而是“我们什么时候会成为网络攻击的受害者？”网络风险是一种元风险，影响公司的所有职能。

必须对网络风险进行具体的尽职调查，包括系统、技能、治理、预算、服务提供商、供应商、子公司、保险和网络事件的定期审查，以及漏洞和发生攻击时的数据恢复计划。

战略系统的识别是不够的；对战略数据的分析、在存储位置和数据传输期间对这些数据的保护以及访问也是至关重要的。

经理和董事会负责评估技术、人力（内、外部供应商和服务提供商）、财务和法律风险，评估网络安全治理和管理参与的风险，在信息系统和日常运作中考虑网络安全的程度，建立事故报告，估算保护系统和数据的成本、培训技术团队和员工。

除其他事项外，董事会有法律义务监控公司风险管理系统的有效性，确保风险补救计划（通过设定优先级）得以实施。

因此，运营经理必须意识到风险，为公司提供全球风险管理系统（企业风险管理，ERM），将协调工作委托给风险经理（针对大公司）。风险经理的任务是实施补救和预防政策，向保险公司转移风险，这有助于公司恢复能力。

网络风险的控制是复杂的；网络安全是一个横向问题，需要风险治理方法、承担责任和所有利益相关方的参与。管理和技术方法的一致性是成功的关键因素。

某些运营部门（例如 B to C 或卫生部门）比其他部门更容易受到影响。每个公司都必须实施信息系统安全政策（ISSP），保证系统的可访问性、正常运行、信息的保密性和完整性。

挑战远不只是局限于关键环境，最终将是认证可信的系统和产品。

网络风险不再是技术风险，而是业务风险，因此有必要明确公司网络安全资源的管理和组织方法，包括信息技术职能、运营经理和支持职能。这是公司恢复能力的先决条件。

公司无论从事何种活动，都必须制定流程来保证机密性、完整性、数据安全性和适当的治理（角色和职责：谁有权访问、某些数据的访问权限由谁授予、谁可以将数据传输给谁、谁保存数据等）、数据分类（保密程度、敏感性及业务利益），以及相应的保护级别，这些由 CISO 决定。

网络安全团队的主要任务是保护数字信息的各个方面，包括个人和战略方面，并根据公司拥有的数据，为运营部门在新产品或服务的开发上提供建议，同时确保其数据得到保护，最大限度地发挥数据潜力的同时，还可以带来财务收益，提高生产率和员工效率。

3.2 背景

根据 Ponemon 研究所的一项调查，超过一半的公司没有定期组织网络恢复能力测试。77% 接受调查的信息技术专业人员（其中法国为 82%）表示，他们没有在整个公司从始至终实施计算机安全事件响应计划。然而，不定期的信息技术安全测试和网络恢复能力测试需要公司付出更高代价。

数字技术、交流速度、公司规模和业务国际化导致了国家管控及大公司之间的信息流的失控，许多过去的机密信息不再由国家支配且用途发生变化；现在是全方位交流分享（包括在社交网络上）和透明度为王的时代，出生于数字年代的人将透明度视为解决世界功能障碍的方案。

运营的速度、员工的减少、任务的分离、组织的复杂性和缺乏接近性，通常会降低员工参与的重要性，也降低对问题理解的重要性。这导致罪犯可以逍遥法外，由此带来的后果首先是经济上的。

3.3 漏洞

弱点是犯罪分子可以利用的安全漏洞。有些漏洞是零日漏洞，即已知漏洞，但没有修补程序。有些漏洞是已知的，需要应用补丁。

基于已知漏洞数据库的自动分析软件可用于识别网络、应用程序、服务器、系统或设备中的潜在漏洞。分析完成后，该工具会报告检测到的所有问题，并提出弥补措施。最先进的工具将根据对业务运营和安全性的影响来决定是否纠正或接受风险。该分析可以与安全信息和事件管理（Security Information and Event Management，SIEM）解决方案整合，以提供更完整的分析。

渗透测试也是对漏洞分析的补充，使我们能够知道漏洞是否可以被利用，以及会产生什么影响。渗透测试还可以识别软件、应用程序或其他漏洞，并完成零日漏洞和已知漏洞的列表。

主要目标是评估风险并制订纠正措施计划。信息技术安全团队的资源通常有限，所以不得不根据与公司（或公共组织）运营和职能经理共同定义的优先级来规划行动：

1）对于零日漏洞，可以隔离应用程序或部分系统，并在修补程序前进行额外检查。因此，即便发生攻击，影响也是有限的。

2）对于已知漏洞，可以根据公司业务和职能部门确定的优先级及监管要求（优先级根据对已识别漏洞的攻击发生概率和估计影响来定义）制订纠正计划。

安全经理与运营经理一起确定行动的优先级非常重要。运营经理必须意识到风险，了解风险，并与安全经理协调，积极实施解决方案或承担风险。

3.3.1 对公司负责人的诈骗

在法国，针对公司负责人的诈骗金额每年高达4.8亿欧元。诈骗分子由冒充公司经理的网络犯罪分子组成，通常要求公司负责人（如会计师或财务主管）为非常机密和非常紧急的业务（收购公司）向国外转移大量资金（根据目标公司的规模从100万欧元到2000万欧元）。由于已经获取公司、组织、流程和项目的信息，骗子会在假期或更换经理期间利用员工的恐惧或自负心理，设法完成诈骗，其实如果流程得到遵守，违规的操作通常不会获得授权。

2018年3月，Pathé被网络诈骗1900万欧元，该欺诈牵扯到迪拜的并购项目。数千家公司受害，其中，毕马威2012年被骗720万欧元，空客在德国被骗300万欧元，米其林、Intermarché、可口可乐等公司无一例外，最高诈骗金额为4200万欧元，是在2020年年初遭到诈骗的一家名为FACC的奥地利航空航天设备制造商。

尽管盗窃身份的“假邮件”经常出现，但保险公司不承认这些欺诈行为属于网络诈骗；然而，数字手段（如通过电子邮件发送订单，使用“声码器”再现经理声音的电话，以及减少银行的控制）促进了诈骗的发展。

3.3.2 供应商诈骗

供应商诈骗很简单。诈骗分子联系公司供应商，冒充该公司的会计师或审计师，向供应商索要待付款的发票信息。然后诈骗分子联系公司，冒充供应商，要求更改供应商收款账户。然后，骗子会告知公司其银行账户的变更信息，并发送给公司带有供应商抬头的发票，但发票上已是骗子的账户和电话信息。

与针对公司负责人的诈骗一样，供应商诈骗也是由多种原因共同促成的，包括公司分散的组织、远离运营的公司会计（外包共享服务，有时在遥远的国家）、骗子利用电子邮件误导会计团队的能力（窃取身份）、骗子通过电子邮件发送的伪造文件（它们不再是纸质原件），以及公司在程序、陷阱规避和检查事项方面缺乏培训。

会计部门往往是诈骗的最后一个环节；公司试图拯救、重组、数字化，但要注意会计部门的素质，以及会计部门对公司合作伙伴的了解和对活动的了解。

数字化必须伴有明确的培训和流程，例如给供应商打电话确认、身份验证（通过电话和电子邮件）、与银行核实、由经理签字确认新的银行账户、限制在互联网上和通过电子邮件交流信息。

诈骗分子非常有想象力，也非常执着，几乎总是利用人类的弱点。

3.3.3 其他经济影响

网络攻击对目标公司业务产生更大影响，如图 3.1 所示。

除了诈骗，公司还会经历（来源于埃森哲）：

1）机密信息的泄露（63%）：知识产权、竞争优势、客户数据的损失。

2）对声誉造成负面影响（38%）。

3）经营亏损（30%）。

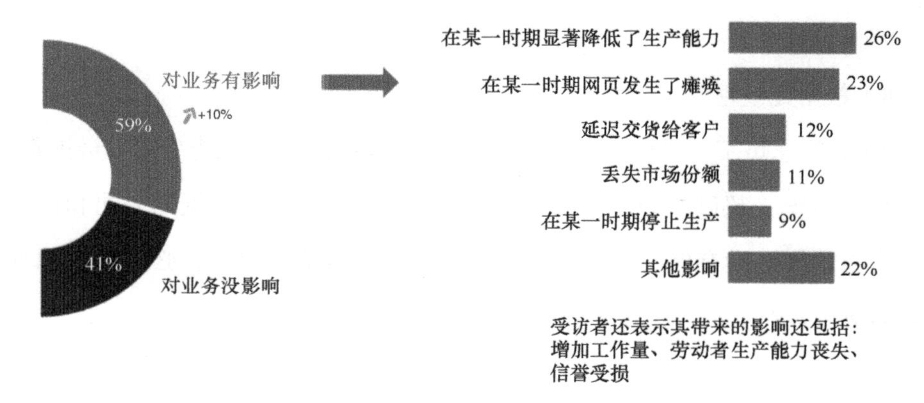

图 3.1 网络攻击对目标公司业务的更大影响

来源：CESIN 174 名受访者一些可能的结果。有关此图的彩色版本，请参见 www.iste.co.uk/defreminville/cybersecurity.zip。

4）直接财务损失（28%）。

5）索要赎金的金融勒索（17%）。

2015 年，全球有 5 亿条个人信息丢失或被盗。

攻击点越来越多。不仅是大、小公司的网络，我们的电话、平板电脑、联网物品、健身手环和冰箱，甚至自动化地铁都是攻击目标。

网络犯罪每年造成 4.45 亿美元的损失，而在过去 10 年里，全球范围内自然灾害造成的平均损失“仅为”1.6 亿美元。网络犯罪对公司造成的财务和声誉影响如下：

1）金融资产——通过欺诈、盗窃和勒索：“对公司负责人的诈骗”，从人工智能（最近通过语音复制窃取身份的例子）、欺诈性地更改供应商账户演变而来。

2）知识产权和商业秘密——通过间谍活动。

3）品牌及其在互联网上的存在——通过抵制、诽谤和损害形象（修改网站）。

4）业务连续性——通过破坏或中断运营（网站和客户服务、生产）。

5）盗窃和非法处理个人数据。

6）机密信息（内部指令、战略数据、并购等）的披露。

7）赎金。

8）数据完整性。

9）客户、员工、股东或合作伙伴发起攻击和纠纷时的调查费用及辩护费用。

10）声誉：超过四分之三的客户对处理和管理其个人数据的公司和供应商缺少信心或彻底没有信心。因此，在法律和社会组成部分中，必须将道德视为公司的战略资产。

3.4 法律风险

3.4.1 集体诉讼

2017 年 6 月，美国最大的医疗保健公司之一 Anthem 同意支付高达 1.15 亿美元的赔付金，以解决 2015 年因近 8000 万客户个人信息的数据泄露引发的集体诉讼。

近年来，还有许多其他重要的数据违规案例。2016—2017 年，家得宝（Home Depot）因违规遭集体诉讼，赔付 1950 万美元。同样，在 2015—2016 年，Target 因数据泄露遭集体诉讼，赔付了 1.05 亿美元。

2014 年，莫里森公司一名高级内部审计师下载了一份文件，文件里有公司近 10 万名员工的个人数据，包括姓名、地址、出生日期、电话号码、银行账号和工资标准。尽管公司有网络安全控制措施，而且该违法行为是由一名员工实施的，但法院认定该公司负有替代责任。在英国劳动法中，替代责任是指雇主对其雇员行为的责任。

3.4.2 法国国家信息自由委员会与国际石油公司的制裁

2018 年 5 月，《通用数据保护条例》的发布，使得这一年成了创纪录的一年，特别是投诉数量记录（增加32%）。法国国家信息自由委员会（CNIL）被“明确认定为专业人员和公众的参考信息来源”。

在所有11077起投诉中，三分之一涉及互联网上公布的数据，21%涉及潜在用户，其次是人力资源部门和银行。其中包括从视频设备上远程查看图像，特别是雇主，对员工进行过度监控；在监控病房安装摄像头，从而保障病弱之人的“安全性”；银行或在线内容服务的客户希望使用其数据便携性的权利，并保证他们个人数据的安全性，而且不限于在互联网上，但对移动应用程序可以访问智能手机中数据表示担忧。大约20%的投诉内容现在是欧洲合作的主题。

法国国家信息自由委员会在2018年进行了310次检查。在大多数情况下，这种干预能促使企业遵守规定。该委员会于2018年发布了10项财务处罚（包括公开处罚和违反个人数据安全的处罚）和1项非公开警告。

英国航空公司于2019年7月8日宣布，在2018年数十万客户的数据被盗后，预计将向英国信息专员办公室支付1.83亿英镑（2.04亿欧元）的罚款。这些被盗数据包括客户的姓名、地址和信用卡数据（包括号码、到期日期和三位数的安全代码）。

英国信息专员办公室估计，约有50万客户发现他们的数据被“拷贝”出来，并将其归因于“公司糟糕的安全系统”。“对于人们的个人数据，必须加以保护。”英国信息专员办公室专员伊丽莎白·登汉姆说。

“当你被给予个人数据时，你必须保护它。那些没有尽到保护责任的人，将被ICO起诉，以核实他们是否采取了适当的措施。”她说。

英国信息专员办公室收缴的罚款金额相当于英国航空公司2017年全年营业额的1.5%。

攻击者将计算机代码注入网站预订页面来收集数据。这段代码就可以记录支付页面上的鼠标移动和点击，从而使黑客重建用户输入的信息。

3.5　风险映射的目标

风险映射的目标是采取适当的措施，确保公司的可持续性，从而确保公司业绩。

风险规划必须基于公司的战略目标，必须重点关注关键系统、信息和流程。

正如我们已经看到的，公司是易受攻击的，这与公司的环境有关，所以根本没有零风险这回事，我们的目的也不是把公司改造成层层壁垒的城堡。

安全系统有三个目标：

1）数据安全：数据保护、数据归档（数字和纸质）、个人和/或共享数据归档、文件（在电子邮件或文件夹中）和电子邮件分类、备份（频率、质量、完整性）、保留期和公司规则需遵守。

2）保密性：识别机密数据，根据主题和保密级别或法律风险选择适当的沟通或共享方式，如电子邮件、会议、纸张、短信、社交网络，如果出现程序问题，电子邮件会留下痕迹（文字过多）。

3）完整性：对访问权限（读取、输入、管理）和证明数据质量的文档的管理。

3.6　风险分析的不同方法

信息系统存在不同的风险分析方法。关键是需要一种合适公司的方法，涉及公司不同的职能和/或运营，并确保方法的有效性。这样做的目的不在于遵循方法，而是根据保险公司提出的条件，将方法用于信息交换、主要风险识别和风险补救决策的制定，以便明确责任（谁负责什么以及何时负责）并将某些风险转移给保险。

在英国，CRAMM 是由英国政府组织中央通信和电信局（Central Communication and Telecommunication Agency，CCTA）开发的一种风险分析方法。这是英国政府首选的风险分析方法，其他很多国家也在使用。

在题为“提高信息技术恢复能力的最低标准”的文件中，瑞士联邦经济与组织研究所（DEFR）区分了工业控制系统与信息和通信技术，并建议采用国际标准 ISO 标准、COBIT 标准和美国国家标准与技术研究所（NIST）框架，包括：

1）识别。

2）保护。

3）检测。

4）做出反应。

5）恢复。

美国使用由卡内基梅隆大学开发的“运营关键威胁、资产和脆弱性评估”（Operationally Critical Threat，Asset，and Vulnerability Evaluation，OCTAVE）进行风险分析。

国际上采用的 ISO/IEC 27005 是一个逐步符合 ISO/IEC 27001 认证要求的国际标准。这个新标准因为实用，所以很容易被推广应用。

在法国，最常用的是法国国家网络安全局（ANSSI）开发的“表达需求和确定安全目标”（Expression of Needs and Identification of Security Objectives，EBIOS）方法。这种方法可用于绘制公司及其生态系统的风险图，以及信息技术项目管理或公司开发产品或服务的风险管理。

这种方法有几个优点：它是务实的和可操作的，它涉及业务线，它使工作组有机会清点所使用的信息技术系统，判断威胁可能来自哪里，描述令人担心的事件，为业务线、信息技术部门和信息技术安全部门，从最有可能的风险（如不可访问的数据、网站、快递服务、生产停止、欺诈）开始，确定风险，制定措施计划。综合报告将提交给执行管理层，以便他们能够理解、仲裁、确定优先次序，并可能释放资源（人力和财力），用于实现提出的战略。

所有这些方法都必须适应公司的部门和规模。重要的是，无论是哪家公司、公共组织、协会还是基金会，都要采用这种方法，并让公司中的各个参与者定期评估可能妨碍系统可用性、完整性或保密性的信息技术风险。

同样至关重要的是，一定不要把风险管理工作当成摆设，过了六个月或一年后才去升级更新，这对预判风险等级和威胁、制定风险预案已没有意义了。因此，有必要重组团队，保留积极肯干并且能够回想起前期分析所做的推理的人，包括内部或外部人员，他们将对问题有新的眼光、批判的思维和新的看法。

3.7 风险评估（识别）

2017 年世界经济论坛风险框架见表 3.1。

表 3.1 2017 年世界经济论坛风险框架

<table>
<tr><th colspan="2">网络事件的影响</th><th colspan="2">网络事件发生的概率</th></tr>
<tr><th>资产风险</th><th>损失</th><th>脆弱性</th><th>威胁</th></tr>
<tr><td rowspan="4">无形资产：
知识产权
声誉
一致性</td><td rowspan="4">机密性</td><td rowspan="4">文化和员工</td><td>不满意的员工</td></tr>
<tr><td>人为误差</td></tr>
<tr><td>内幕交易</td></tr>
<tr><td>激进主义</td></tr>
<tr><td rowspan="3">物质资产：
金融产品
股票
生产系统
基础设施</td><td rowspan="3">完整性</td><td rowspan="3">组织和流程</td><td>犯罪</td></tr>
<tr><td>供应商或合作伙伴的行为</td></tr>
<tr><td>蓄意破坏</td></tr>
<tr><td rowspan="3">共同利益：
个人安全
隐私
个人自由</td><td rowspan="3">有效性</td><td rowspan="3">技术和基础设施</td><td>间谍</td></tr>
<tr><td>恐怖主义</td></tr>
<tr><td>网络战</td></tr>
</table>

3.7.1 主要行为体

系统、软件、应用程序或流程的业务部门和主要用户，必须了解信息技术风险所在，这可能会影响公司的运营活动。首先，假设信息系统被破坏，或者数据受攻击导致质量恶化，或者需要交付数据赎金，在这种情况下，对运营（销售、生产、物流）、财务（营业额损失、欺诈）、法律（纠纷）对公司的影响和声誉（质量问题、无法交付、健康问题）做出预判。

其次，运营经理还要对可能以恶意方式行事的内部或外部潜在威胁有所了解。

对于一家消费品分销公司来说，网站被封锁三天，无法销售其产品，会有什么后果？导致消费者食物中毒的质量控制问题（恶意或非恶意来源）会对乳制品生产行业产生什么影响？对于律师事务所或税务事务所来说，几周内无法访问存储文件会有什么后果？

风险经理、信息技术经理和信息技术安全经理不是风险评估的唯一负责人。风险评估要成体系，要由运营经理和信息技术安全经理共同签署，然后由大型公司的风险经理或高级管理层整合，进而确定优先级。

3.7.2 步骤

第一项行动内容包括了解设备和资源清单。资源清单提供对系统架构的理解，包括工业系统和公司网络之间的连接（必须受到限制和保护）、工作站清单（必须以一致的方式配置并遵守通用规则）以及内部和外部信息流的完整概述。

ISO2700× 系列标准将“资产”定义为对组织有价值的一切要素，包括主要资产或生产资产（上游物流、制造、下游物流、营销和销售、服务、流程、信息）和次要资产（服务器、软件、网络、采购、研发、技能、IT）。第一步是确定受保护资产的优先级。

无论是固定设备（例如服务器）还是移动设备（计算机、电话等），物理安全性是指防止恶意入侵对信息造成的访问、窃取、修改、销毁或损坏。

物理安全性还要求保护设备免受火灾、洪水或恐怖活动等事故的损坏。系统可能并不总受到保护，但信息可以在不同的站点和系统上复制和备份。

这一步至关重要。如果没有对战略资产（有形的和无形的）、战略流程、安全策略、治理（明确负责）、公司 IT 设备（硬件、网络、软件）、安全设备和解决方案，以及内部和外部技能的清晰理解，确定风险优先级并提供解决方案的办法就不太合适。

3.8 保护

保护系统和数据需要实施以下措施：

1）与网络（防火墙、反垃圾邮件）、检测（监控和日志记录）、访问（认证）和访问管理（谁有权访问什么）相关的安全工具。

2）安全规则：密码、访问网站、u 盘、Wi-Fi。

3）控制（定期审查、入侵测试、规则应用）。

4）培训应从上到下，从下到上，贯穿整个链条，更不用说那些有很多外部人员的情况。事实上，主要风险源于自身（员工）的轻信、缺乏警惕、无能、疏忽等。从招聘员工的那一刻开始就要加强培训。

3.9 检测

发生入室盗窃或抢劫银行事件前，（嫌疑人）会事先对场所、人员习惯、时间表、进入的可能性和条件、假日安排、管理人员的更换等情况进行踩点。

同样，黑客攻击前也会事先监视。有必要对异常的访问尝试和数据泄露加以识别。异常的访问尝试和数据泄露起初是无害的，如果没有人注意到什么，异常访问和数据泄露就会逐渐增加，就像金融诈骗的情况一样。当外部服务提供商被授权连接到公司内部的网络和信息系统时，设置特殊程序并能够检测未经授权的连接是非常重要的。随着公司得到更好的保护，攻击者会通过相关供应商或分包商进行攻击。

攻击事件可能来自不同的源头、工具或人员。因此，有必要分析数据（包括访问）并组织警报。

必须注意不要忽视与其他公司、安全管理人员和服务提供商的信息共享，这有助于改进警报系统。

需要当心节假日期间，因为这是攻击者的首选时间。

3.10　响应

你有一个预防袭击的干预计划吗？

公司团队知道这个干预计划吗？他们知道在异常情况下通知谁吗？他们知道如何反应吗？给谁打电话？哪个号码？是否应当拔下插头，断开连接？

出于隐晦的原因，安全防范工作往往由少数人负责，而不是人人有责。有多少公司在收到诈骗电子邮件，或打开诈骗附件（通知谁？拔掉电源插头，或断开手机的网络连接），或接到勒索信息与可疑电话时，向所有员工发出了 IT 安全指令（销毁它，或转发给安全防范部门）。

一个信息技术服务提供商给你打电话，要求你“根据信息技术部门的指示”来执行维护操作或者远程控制你的计算机。

一位总裁收到一封关于更新他的维基百科的电子邮件；他急于查看维基百科发布的信息，为自己名满天下而感到自豪。他点了邮件，攻击者便成功突破，攻击者会连续几周、几个月甚至几年一直阅读他的电子邮件。

避免攻击是不可能的，避免不良影响是可能的。所有人都应基于对这些不同情况的认识，提高对程序的运行和应用的警惕。但是有的经理，尤其是在法国，认为这些程序不会对他们产生影响。

犯错误是人之常情，没有人是安全的。问题是如何消除错误的影响？如何在第一时间应对？

必须了解攻击事件。攻击从何而来？会有什么后果？目标是什么？从中可以吸取什么教训？有哪些漏洞？如何修复这些漏洞？响应计划是否有效？如何改进？

3.11 恢复

恢复是一个重要的步骤，包括重启系统和服务，使数据再次恢复可访问，并具有初始级别的机密性和完整性。

3.12 分散映射

3.12.1 内部威胁

正如已经多次提到的那样，威胁往往是内部的，有时是恶意的，通常会被疏忽或被误导。据报道，75% 的内部事故是意外或无意间发生的。

此外，要警惕前员工（或处于离职阶段的员工）。四分之一的内部事件来自（前）恶意员工。如何识别他们，防止他们做出恶意行为？

职能部门（信息技术、人力资源、法律和法规遵守情况）是否协同工作，并与业务部门一起建立网络安全和问责机制？是否进行了定期培训，以了解说明并识别威胁？

最有效的认知和训练方法是什么？是游戏？是增强现实和适应公司环境的电子学习？还是通过给所有员工发送假的欺诈性电子邮件从而进行模拟训练？

向所有员工分发关于数据、系统和移动设备的书面程序？

网络事件是否自发报告（安全环境）？

在招聘、培训、流动和对网络问题的理解方面，有哪些人力资源政策从一个职能转移到另一个职能部门？当一个人离开公司时，对其持有和处理的数据采取了哪些防范措施？

访问控制、加密、备份或流量监控是否到位且有效？

公司信息保密的法律环境是什么？是雇佣合同，还是内部规定？法律部门是否参与内部威胁的网络计划？

黑客知道如何识别目标员工：拥有重要职权的系统管理员、信息技术支持人员、管理委员会成员。目标员工作为访问公司基础架构的有效途径，是网络钓鱼攻击的重点对象。

正确管理访问权限和应用最低权限原则（用户的权限严格限于用户的工作需要），这对用户账户受损后的风险最小化至关重要。用户拥有的权限越少，攻击就越无效。

第三方、服务提供商、供应商和分包商，比员工更难管理，必须特别对待。

3.12.2 工业风险

工业系统远不如信息技术设备安全。在工业环境中，技术是非常复杂的。网络访问并不总是被列出，数据没有加密，系统仍然配置默认密码，而行业缺乏安全文化，使攻击者更容易得手。

工业装置的生命周期很长，因此更容易受到新风险的影响，业务链接 / 安全经理的影响有时（甚至经常）太微弱了。

埃尔韦·吉鲁在 2016 年指出：

公司面临的网络风险是横向的。不幸的是，我们发现网络风险经常与公司的一般信息技术联系在一起，更不用说与其工业生产环境联系在一起了，却几乎从未（除了在银行）与公司的产品和服务（运营信息技术）联系在一起（见图 3.2）。很多时候，公司的网络安全经理（如果有的话）就是首席信息官本人，或者更糟糕的是网络安全经理也许只是他的下属。这显然不行[一]！

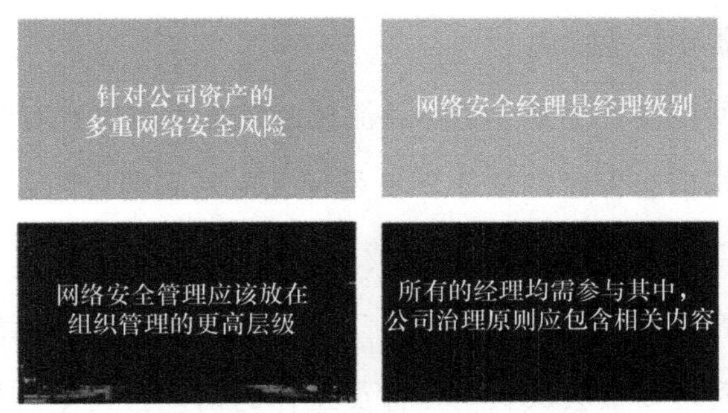

图 3.2 网络风险：一种商业风险

来源：法国海军集团。

首席信息官经常负责一般信息技术，很少负责工业信息技术，也从不负责运营信息技术，这些技术基础差异很大。此外，首席信息官经常面临持续的预算压力，因此倾向于关注用户直接可见的内容，而忽视不可见的内容，即网络安全。

此外，在网络安全上，人们总觉得没什么问题。

3.12.3 供应商、分包商和服务提供商

问题很多，要解决问题，还要控制风险。

公司对供应链以及与之合作和交换数据的所有第三方的网络暴露有什么了解？谁参与决策？如何将供应链维度融入网络风险管理？如何将网络需求整合到分包和服务合同中？在我们的供应商处进行网络漏洞测试和入侵测试是否可能，是否代价高昂？如何加强供应商网络中接入点的安全性？信息技术领域的相互联系如图 3.3 所示。

在我们与供应商的合同中包括了哪些条款？符合 ISO 标准和行业法规的要求是什么？它们的数字风险有保险吗？如果发生网络事故，如果发现供应商负

[一] 2016 年 10 月 13 日，HEC 管理委员会圆桌会议。

有责任，供应商将支付什么赔偿？我们是否有权审核其系统、流程和组织？它的信息保密能力如何？

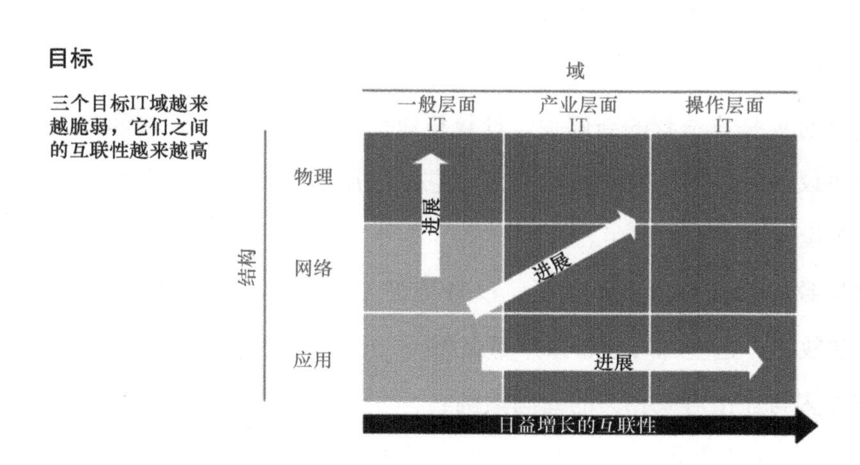

图 3.3　信息技术领域的相互联系

来源：法国海军集团。有关此图的彩色版本，请参见 www.iste.co.uk/defreminville/cybersecurity.zip.

公司的供应链越来越数字化，由于联系复杂，能够产生连锁反应的行为者越来越多，公司变得更容易遭受网络攻击。

工业环境独立于传统的办公信息技术运行，包括电子邮件和网页浏览。新一代机器人现在使用相同的网络，因此也面临网络犯罪。 圣戈班和雷诺的自动化办公受到攻击，随后感染了装配线和分销配送线。

因此，在将工业网站数字化时，衡量“优点”（性能、速度等）和“缺点”（网络威胁的影响）都至关重要。

信息技术部门的目标（信息技术性能、促进信息交流）和CISO的目标（系统与数据保护）经常发生冲突，必须由业务部门决定，因此就供应链而言，必须由工业管理决定。企业是有责任的，它们必须理解并根据信息技术解决方案的优缺点做出决定。

这也是网络安全成为决策者话题的原因之一。

3.12.4 连接对象

连接对象具有数字身份，配有传感器，可以传输信号，并连接到互联网。安全漏洞可能来自连接对象本身或无线网络，也可能由用户不更改密码、不更新系统造成。

连接对象是攻击者的新网关。计算机以前是唯一的目标。例如，人们最近在蓝牙协议中，发现了一个安全漏洞，它可以用于控制无线送话器，甚至从智能手机等设备中提取数据。

这导致的后果包括侵犯隐私、设备接管（如摄像头）、个人数据被盗、身份盗窃和故障，这些都可能带来严重后果。

有许多与连接对象相关的漏洞案例：

1）安装在西班牙的新型无安全保护的电表，可通过级联感染系统，将业主场所的停电追溯到发电厂。

2）视频监控摄像头可以转化为僵尸网络，这是一种机器网络，在所有者不知情的情况下使用，对公司进行拒绝服务攻击（同时发送数千个请求，以使公司内的服务器网络饱和）。

对于网络犯罪分子来说，开发连接对象是一个越来越大的机会，因为为普通公众设计连接对象时，安全性不是被优先考虑的事项。考虑安全性需要投入成本，用户一般不愿意为对象的安全性支付更多费用。

工业连接的对象构成了新的攻击面，因此也成为新的安全风险，这必须纳入公司的考量范围。

Mirai 恶意软件在这个领域臭名昭著。被 Mirai 恶意软件感染的设备在互联网上搜索与连接对象相对应的 IP 地址。一旦发现目标，就会攻击，而且很难被目标发现。

互联对象的开放化可能会引发新骗局或带来破坏加密货币的新可能性，由此还将产生新的法规。2019 年 5 月，英国数字大臣玛戈·詹姆斯（Margot

James）提出了一项应对网络攻击的法案。这项新法律将要求所有连接到互联网的设备，如家用电器、网络摄像头或智能恒温器，出售时都必须使用不同的密码，而目前出售的设备，都使用硬编码的默认密码。该法案还要求制造商提供一个公共联系点，以便研究人员和黑客能够提交连接设备的漏洞（见图 3.4）。他们还必须告知消费者每台设备的安全更新时间。最后，这项法案将促使厂家为确保产品安全，从设计阶段就创建集成一个具有安全功能的新标签系统。

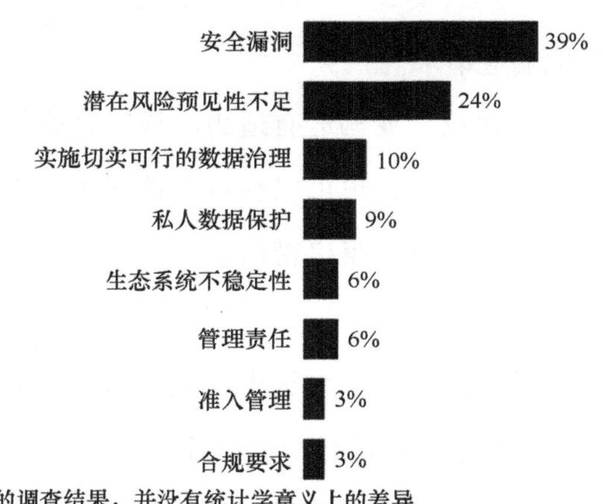

图 3.4　安全漏洞：IoT 最显著的特征

来源：CESIN 群体调查（174 名受访者）。

联网玩具

欧洲消费者组织（BEUC）副总干事乌苏拉·帕切尔在一次报告中说道："儿童玩具、联网手表和智能机器人存在一系列严重问题，有可能记录和传输数据。"

他还说，半径 15m 内的任何人都可以连接到"我的朋友凯拉"娃娃。"只需打开手机上的蓝牙，按下娃娃的名字，就可以通过娃娃播放任何音频文件，然后娃娃就会变成一个远程连接的扬声器。"

这意味着娃娃家外面的陌生人将有能力连接、提取玩具内存中存储的数据，并可将他们自己的信息注入其中。“这样，陌生人可以控制玩具，与你的孩子交流。”乌苏拉·帕切尔总结道。

语音助手

数千万人使用语音助手查找播放音乐、开灯或问路。

2019年4月11日，彭博社的一份报告指出，亚马逊（Amazon.com）在全球雇用了数百名员工来改进Alexa[㊀]语音助手。这些人收听从用户家中或办公室中采集的录音，然后集成到软件中，以提高对使用不同语种的人类声音的理解，从而更好地响应请求。

员工签署保密协议，亚马逊有适当的程序来确保系统不会偏离其目的，员工可以从记录中删除段落，也可以在特定情况（处于风险中的人、虐待、犯罪等）下分享信息，还可以获得机密信息（信用卡号、健康状况、政治或宗教观点等）。

根据亚马逊的说法，员工无法识别他们正在听的人。但是为什么这个语音助手在还没有很好地运行时就已经商业化了呢？

集成这些语音助手到产品中的公司的声誉可能会受到影响：Orange（一家法国电信公司）的联网扬声器、高通的耳机、美国银行的银行服务、罗格朗[㊁]（Legrand）的交换机。终端用户是否知情？亚马逊是否与销售该产品的公司达成了协议？终端客户是否同意，注册时是否收到提醒？

保密规则是什么（用户和注册之间的联系是什么）？

客户是否充分了解其有权拒绝被监听？将语音助手集成到其产品中的公司是否具有审核能力，以确保亚马逊不会监听那些拒绝授权的人？

当前对这些数据的规则是什么？录音是否被安全地传输到亚马逊工作室？它们被存储起来（以及保存多长时间），还是被销毁了？

㊀ Alexa网络公司是亚马逊公司的一家子公司，总部位于美国加利福尼亚州旧金山。

㊁ 罗格朗（Legrand）是建筑电气公司，成立于1865年，总部设在法国的利摩日，罗格朗在全球超过90个国家设有分公司。

除了法规遵从性问题，这些也是用户面临的问题。亚马逊在其营销演示和隐私政策中，并没有明确解释这些设备采集的语音将被其团队收听。

用户可以禁用录音功能，但亚马逊表示，录音仍然可以“手动”分析。这些信息与设备所有者的名字和设备的序列号一起被传输。

亚马逊不是唯一一家销售这种设备的公司。Google Home（谷歌公司的智能家居设备）和 HomePod（苹果公司的智能音箱）都比亚马逊公司的 Alexa 出现得早。2018 年共售出 7800 万个语音助手。

关联对象的安全措施

无论是个人还是专业人员，用户都可以不惜一切代价关闭不必要的端口，避免使用默认密码，设备一旦开机就接受自动更新，避免未加密的通信（目前非常便宜的系统也具备这些技术能力），以获得最低限度的安全性。联网物品的卖家应该引导用户关注这些问题。加利福尼亚州是美国第一个通过物联网法律的州。

物联网法律于 2020 年生效，该法要求联网物品的所有制造商提供“保护设备，使设备信息免受未经授权地访问、销毁、使用、修改或披露”的功能。该法律适用于在加利福尼亚州销售的所有联网物品。

设备（出厂时）必须有独一无二的密码，用户在首次登录时必须更改密码。不再使用很容易被网络窃贼猜到的通用默认标识符。

3.13　保险

保险已开始对网络风险的许多潜在危害做出回应，包括：数据恢复成本、危机管理援助、图像恢复援助、个人数据遭到黑客攻击的公司责任赔偿金（见图 3.5）。

这些风险并不总能得到保险赔偿。被盗数据的价值很难评估。保险政策阻止不了攻击，但会介入网络攻击的财务和其他后果的处理。

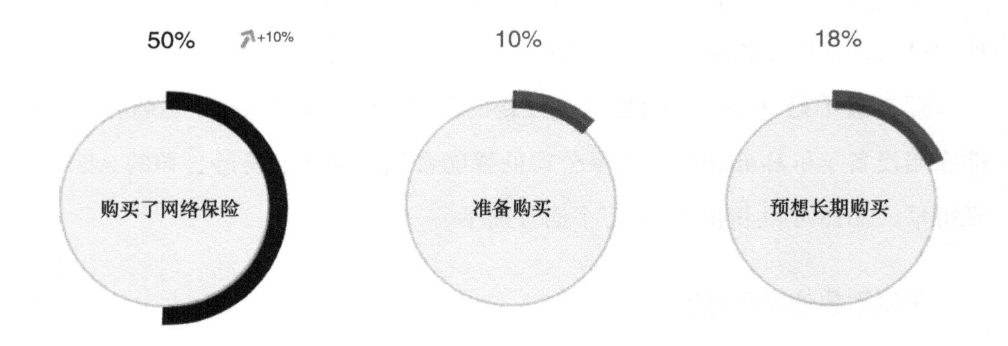

图 3.5 越来越多的公司购买网络保险

来源：CESIN 群体调查（174 名受访者）。关于此图的彩色版本，见 www.iste.co.uk/defreminville/cybersecurity.zip。

因此，建议检查（保险）合同是否涵盖网络事件、信息系统和业务中断的成本、审查了解事实、重建被破坏的内容、对第三方的损害以及形象风险。

2018 年，只有 24% 的公司购买了与网络安全风险相关的保险。更新保险合同将验证其在保护系统、安全策略和潜在漏洞方面的质量。

网络风险版图在不断变化。网络风险复杂且难以量化，尤其是因为技术环境的快速变化和网络索赔历史数据不足造成的网络风险难以量化。

正如 Scor 保险和再保险公司首席执行官 Denis Kessler 在 2017 年 4 月发布的一份文件所述：

风险有三种类型：与自然事件相关的“不可抗力”、技术进步引起的“人类行为”，以及犯罪、战争行为和恐怖袭击之类的“魔鬼行为”。网络风险是当今复杂风险构成的典型代表，因为网络是新近的跨境技术，无形且难以衡量，并随着技术的快速发展而发展。在网络环境中，“人类行为”包括具有损害或后果的意外事件，而“魔鬼行为”指的是网络犯罪。

因此，先看看我们能否回答这些问题：我的合同是否涵盖网络事件和信息系统？保险包括刚才提到的所有后果吗？

蒙迪莱兹和苏黎世再保险公司之间的纠纷的结果很有意思。这一案件可能确实开创了一个先例：

1）2017 年，蒙迪莱兹损失了 1700 台服务器和 24000 台感染 NotPetya 勒索病毒的计算机。蒙迪莱兹签署的保险合同规定，承保“物理损失或材料损坏的所有风险”，以及“对电子数据、程序或软件造成的物理损失或损坏，包括恶意引入机器生成的指令或代码造成的损失或损坏”。

2）拥有 Toblerone、奥利奥和吉百利品牌的蒙迪莱兹向苏黎世再保险公司的美国子公司苏黎世美国保险公司索赔 1 亿美元。

3）苏黎世再保险公司首先向蒙迪莱兹提供了 1000 万美元的赔偿，最后根据该公司的财产损失保险排除条款：“主权政府或主权国家”的“敌对行为或战争行为”，拒绝了任何赔偿。

4）对于蒙迪莱兹遭受的这种勒索软件类型的大规模的网络攻击，苏黎世美国保险公司认为 NotPetya 勒索病毒是由地区冲突导致的“战争行为”。

5）蒙迪莱兹集团起诉了苏黎世美国保险公司。

如果苏黎世保险公司被判决不承担赔偿责任，将对所有公司产生直接影响。今后这些公司便不会再将网络风险转移给保险公司了，也不会试图从保险公司获得战争行为后果的理赔。

3.14　违规风险和道德

违规风险是最近才出现的，主要可追溯到 2018 年 5 月生效的《通用数据保护条例》。此前，其他一些法律如法国的《数据保护法》或瑞士的《LPD 法案》，已经对个人数据的自动或非自动处理进行了规范。

《通用数据保护条例》将一些情况都考虑在内，包括 1989 年互联网出现后的巨大数字发展、数字社会收集的数据，以及将此类数据大量用于经济、政治或犯罪目的。

因此，违规对公司来说风险很大，受到制裁的可能性也很大。

此外，消费者对个人数据将会越来越敏感。消费者对供应商的信任取决于供应商在权限上是否尊重消费者的选择，取决于供应商收集和处理消费者数据的透明度，最终取决于公司对数据的保护措施。

小结 3.1　2017 年世界经济论坛风险框架

1）我们最大的五个弱点是什么？与您的首席信息安全官（CISO）分享信息系统对您的活动构成的五大风险、您所关注的漏洞及您希望覆盖的漏洞（云、影子信息技术等）。

2）是否对最后一次网络攻击进行风险图绘制？您是否验证了映射，您是否知道贵公司正在面临的风险？您的公司对最近公布的网络攻击有多大的恢复能力？您准备好了吗？

3）我们上次进行安全审查是什么时候？审查人员对云解决方案、遵守我们公司的风险矩阵、影子 IT 和未分类团队使用有什么看法？

4）我们准备好应对网络危机了吗？我们经常组织消防演习，为什么不对信息系统组织预防网络攻击的演习？你以前做过吗？万一发生大型攻击，你有什么计划吗？

5）我们如何受到法律保护？在信息系统保护不力的情况下，您作为管理人员可能会承担民事和刑事责任，尤其是在个人数据泄露的情况下。您知道您面临的风险吗？您是否与您的首席信息安全官、法律代表，或外部律师讨论过此事？

第4章

规　　程

4.1 背景

五十年前，我们难以接受自己的邮件被别人打开，但是电子邮件被认为是一张没有装入信封的明信片。如果有第三方掌握人们的动向，跟踪人们的消费，研究人们的阅读和购买习惯，大家的反应一定会很强烈。

全世界 90% 的数据都是最近两年产生的。

主要数据生产者是公司的数字平台和连接对象，即智能手机、起搏器、电梯、冰箱、吸奶器等。

个人资料（如：信用卡、社保号、邮箱等）是有价值的。公司、国家和黑客都对个人数据感兴趣。服务数字化和全球化的快速发展，创造了基于数据的新经济。公司收集的客户数据越多，可向客户提供的服务或产品就越多。

鉴于个人信息可能会被免费提供给网站出版商、社交网络、出租车或公寓平台、搜索引擎或在线分销网站，保护个人数据面临新的挑战。

技术发展使得私人公司和公共机构可使用个人数据。越来越多的个人将自己的信息公之于众，并在全球范围内公开，而大多数时候，他们并不知道这些数据被用于商业、政治、社会或犯罪目的。

这是社会和全球平衡的剧变。数字服务和数字产品的平台与提供商主要是美国的谷歌、苹果、Facebook、亚马逊和微软，以及中国的百度、阿里、腾讯、小米。虽然它们可能并不完全清楚我们提供了哪些个人数据，但这些数据却可以让它们有能力掌握我们的喜好、消费和旅行习惯、生活方式与健康数据以及财务资源，了解了我们的朋友、兴趣、专业背景和项目，知道我们住过的酒店、经常光顾的餐馆、访问过的网站、阅读过的书籍、报纸以及观看过的电影。

4.1.1 向国家信息自由委员会提出的投诉

法国国家信息自由委员会（CNIL）负责确保个人数据被正确使用。2018年，该委员会接到的投诉量增加了32%以上。2017年的投诉有8300起，2018年5月《通用数据保护条例》生效后，投诉量达到11077起。

在2018年CNIL进行的310次管制中，有49次发出了正式通知。例如，保险公司和专门通过移动应用程序进行广告定位的公司是首批目标企业，它们受到了11项制裁，包括10项经济处罚，其中7项涉及违反个人数据安全规定。优步、布伊格电信（Bouygues Telecom）、每日影像和Optical Center都在受制裁的公司之列。

在CNIL接到的投诉中，超过三分之一（35.7%）涉及互联网数据传播，这些投诉要求删除身份数据、账户、照片、视频等相关数据。

贸易和营销是投诉量第二多的行业，占总数的21%，特别是“关于攫取短信内容的投诉急剧增加”，这通常是在没有事先征得客户同意的情况下进行的。

在其他有关行业中，16.5%投诉对象是个人数据，特别是过度的视频监控或地理定位。

正如法国国家信息自由委员会2018年的活动报告所述，“公民希望他们的个人数据以透明的方式被收集和使用，并用于他们可以接受的用途。公司必须努力监管，并将监管作为一项能为公司提供独特竞争优势、能使利益相关者对公司保有信心的要求。”

欧洲已经决定通过《通用数据保护条例》保护其公民。公司必须遵守该条例，保护它们收集的个人数据和公司的信息系统。

4.1.2 Vectaury（维多利亚）

Vectaury 从事零售分析，即分销部门的客户数据分析。Vectaury 成立于 2014 年 10 月，拥有约 70 名员工，并与 100 多个品牌和机构有合作。

这家初创公司创建了一个存储地理位置的 cookie，当你下载某些应用程序（如游戏）和服务（如天气或某些媒体）时，你的智能手机上被安装该 cookie，而你对此毫不知情。

以此方式收集到的数据会被交叉引用和分析，这样 Vectaury 的客户（如家乐福这样的连锁商店）就可以根据用户去过的地方，在他们的终端上显示有针对性的广告。

像 Vectaury 这样的初创公司直接与应用程序分销商协商，将它们的 cookie 作为附带服务包集成到应用程序中。

用户会收到短消息，通知用户存在用于广告定位或营销目的的 cookie，并且必须同意安装才可继续使用。

法国国家信息自由委员会认为，用户下载应用程序时同意安装 cookie 是不够的。当用户下载包含 Vectaury cookie 的应用程序时，应该告知用户 cookie 的存在，并允许它出于广告目的持续跟踪其地理位置数据（即使是在应用程序已关闭的情况下）。

法国国家信息自由委员会认为，此类 cookie 的采集是“不合法的”；该机构表示，Vectaury 因此收集了来自 32000 多个应用程序的 4200 多万个广告标识符和地理位置数据。这些被收集的数据揭示了人们的活动规律，也揭示了他们的生活方式。Vectaury 有三个月的时间根据《通用数据保护条例》进行整改，并删除其不当收集的数据。否则，法国国家信息自由委员会可能会对其实施处罚。事实上，企业不遵守《通用数据保护条例》会有很大的被处罚风险，罚款高达被处罚企业全球年营业额的 4% 或 2000 万英镑。

遵守公司规章制度是股东、评级机构、董事、审查员和所有利益相关者（客户、供应商、员工等）被信任的条件。

4.1.3 Optical Center（光学中心）

2017 年 7 月，法国国家信息自由委员会收到与 Optical Center 公司有关的“重大数据泄露”的举报。

在浏览器的地址栏中批量输入网址，就可以获取该公司客户的数百张发票。这些发票载有如姓名、邮政地址和健康数据（眼科矫正）等数据，在某些情况下，还可获得有关人员的社会保障号。

2015 年已有报告称法国 Optical Center 公司官方网站存在安全漏洞。在未验证客户是否正确连接到其个人空间（“客户空间”）的重要步骤之前就可显示他们的发票信息。国家信息自由委员会对该网站处以 25 万欧元的罚款，并将处罚决定公之于众。

4.1.4 Dailymotion（每日影像）

2016 年 12 月，一篇新闻文章报道了 Dailymotion[㊀] 的重大数据泄露事件，该事件是多步骤攻击的结果，共造成 8250 万个电子邮件地址和 1830 万个密码被攻击。

攻击者能够访问公司数据库中管理员账户的凭据，将这些凭据以纯文本的形式存储在协作开发平台“GitHub[㊁]”上。然后，攻击者利用了在“GitHub”上的 Dailymotion 平台代码中发现的漏洞。该漏洞允许攻击者使用管理员账户远程访问公司的数据库，并提取用户的个人数据。

鉴于该公司未能履行其保护个人数据的义务，法国国家信息自由委员会对

㊀ Dailymotion 是一家法国视频分享网站，用户可以上传、分享和观看视频。该公司总部位于法国巴黎。

㊁ GitHub 是一个面向开源及私有软件项目的托管平台，因为只支持 Git 作为唯一的版本库格式进行托管，故名 GitHub。

其处以50000欧元的罚款。公司不应在其源代码中以纯文本形式存储管理员账户的凭据。由于公司外部的人必须远程连接到内部计算机网络，所以公司应该通过IP地址过滤系统或虚拟专用网络（VPN）来构建这些连接。

4.2 不同的国际法规（数据保护）

在世界范围内，数据保护（在其他国家有时被称为数据保密）立法正在发展。数据保护立法文案受到欧盟条例的影响，这些条例被认为是数据保护的衡量尺度。

全世界有100多个国家进行了数据保护立法，包括28个欧盟成员国。

然而美国（加利福尼亚州除外）拒绝保护用户，允许互联网服务提供商向营销机构出售用户的个人数据（浏览历史、地理位置、在应用程序上花费的时间等）。为了保护公民或居民，并让处理其个人数据的公司承担起责任，其他国家，如欧洲国家一样，进行了数据保护立法活动。

美国的加利福尼亚州、巴西、印度和加拿大，都有自己的法规。最近的数据滥用丑闻加速了相关立法进程。所以，这是一种全球意识。

4.2.1 美国

与欧洲法律不同，美国的监管是按活动部门或个体范畴归口管理的。金融服务、卫生部门、信贷机构、保险都有具体的法规，如《公平和准确信贷交易法》《健康保险可移植性和责任制》。对个体而言，有一项专门针对儿童数据保护的法规，《儿童网络隐私保护》严格限制网站使用13岁以下儿童的信息。

此外，《澄清境外数据的合法使用法》（CLOUD Act）是2018年3月23日通过的美国联邦法律，内容涉及监控个人数据，包括云中的数据。它允许执法机构（联邦或地方，包括市）在不通知个人、不通知其居住国或数据存储国的情况下，获取个人的私人数据。

《澄清境外数据的合法使用法》规定，获取存储在美国服务器（包括国外服务器）上的任何电子邮件或其他数字数据，都是合法的。要求主要的本地云计算公司及其子公司，以及在美国运营的外国公司都必须遵守这项规定。

如果一家公司想要为自己配备一个高度安全的解决方案来管理公司数据，那么选择云服务提供商是至关重要的。

4.2.2 亚洲国家

在亚洲，尽管各个国家对个人数据的概念略有不同，但在数据保护方面进展也非常迅速，有关数据保护的立法也日臻完善。

4.2.3 欧洲国家

在欧洲，修订的《通用数据保护条例》于 2018 年 5 月 25 日在整个欧盟生效，详见本书第 4.5 节的内容。在某些情况下，该条例也可能适用于总部位于欧盟以外的公司。例如，瑞士公司如果在处理居住在欧盟领土上个人的私人数据，且如果处理活动与向这些个人提供商品或服务（是否付款）或监控这些个人的行为相关联，则必须遵守《通用数据保护条例》规则。

4.3 网络安全条例及《欧盟网络与信息系统安全指令》

《欧盟网络与信息系统安全指令》（NIS）旨在通过在国家、监测中心和“数字消防队”（紧急信息技术应对小组）之间建立合作，大大加强数字欧洲的恢复能力。

与实体安全一样，如果投资者、公司和个人不能信任基础设施、行政管理、服务和产品，他们如何被吸引到欧洲？

数字信任是一项主要的主要经济资产。

《欧盟网络与信息系统安全指令》涉及所有行为者，特别是“基本服务运营商”，如能源、运输、银行、金融市场基础设施、卫生、饮用水供应和分配部门的某些行为者，以及“数字服务提供商”。

因此，基本服务运营商，以及在线市场、搜索引擎和云服务要遵守新的安全和事故报告的要求。主要目标是确保整个欧盟共有的网络和信息系统的高度安全。

《欧盟网络与信息系统安全指令》还规定，“关键基础设施运营商”，即公用事业、运输和金融服务公司，必须部署适当的措施来管理安全风险，并向国家有关部门或紧急信息技术应对小组报告严重事件。

4.4 部门规章

4.4.1 银行业

除了 2016 年发布的《欧盟网络与信息系统安全指令》，七国集团成员国还制定了金融部门网络安全的基本要素清单，并就评估网络安全的必要性以及与其他关键部门的协调提出了建议。支付和市场基础设施委员会（CPMI）与国际证监会组织（IOSCO）于 2016 年 6 月联合发布了《金融市场基础设施网络恢复能力指南》（下文简称为网络恢复能力指南）。

2017 年 6 月 19 日，欧洲央行在法兰克福组织了一次关于网络恢复的高级别会议。欧洲央行执行董事会成员贝诺特 · 科厄雷在讲话中谈到了此次会议的目标。与会者包括公共机构、关键服务提供商和金融市场基础设施供应商的代表。

他强调了网络攻击的不可避免性，以及采取行动确保整个系统恢复力的绝对必要性，因为每个国家的系统都与其他国家的系统联系在一起。他特别宣布设立一个高级别的网络恢复论坛，以确保网络安全不仅是监管机构的事，也是知识产权组织的事：

1）更好地理解欧洲面临的威胁，尤其是金融领域的威胁。

2）分享网络战略，介绍欧洲央行解决银行网络恢复能力问题的方法。

3）建立合作，创造信任的环境。

事实上，巴塞尔协议[一] 旨在加强银行的稳定性，但造成不稳定性的另一个原因不是金融，而是技术。整个系统基于数字化运营，风险是系统性的，网络安全至关重要。因此，欧洲央行在治理、识别措施、保护措施、检测能力、网络危机后的应对和网络恢复，以及解决方案方面都有要求。网络恢复能力指南还推荐危机模拟、沟通准备、持续改进和学习。

除了金融压力测试之外，欧洲央行于2018年5月2日发布了一个在欧洲范围内用于测试金融系统对基于威胁情报的红队[二]（Threat Intelligence Based Ethical Red Teaming，TIBER-EU）网络攻击的抵御能力的框架，基于威胁情报的红队的测试模拟了针对实体的关键功能和底层系统的网络攻击，如其雇佣的人员、实施的流程和使用的技术。这些测试将帮助金融系统评估自身在保护、检测和应对潜在网络攻击方面的能力。

欧洲央行对银行机构的干预分为预防措施和事后管理。在2019年初，巴黎银行在两个月内发生了两次重大故障（第二次故障导致信息系统中断三天），巴黎银行宣称这是由一个“简单的网络事件”导致的。欧洲央行很有可能因此访问了巴黎银行。根据银行作为关键国家基础设施的地位，无论事件的原因是什么（硬件或软件故障、网络故障或计算机攻击），银行都对其服务的可用性有严格的义务。

“欧洲央行的银行监管非常重视网络恢复能力。”欧洲央行执行委员会委员兼欧洲央行监事会副主席 Sabine Lautenschlager 强调。因此，欧洲审查员就信

[一] 巴塞尔协议是为维持资本市场稳定、减少国际银行间的不公平竞争、降低银行系统信用风险和市场风险制定的银行资本和风险监管标准协议——编者注。

[二] 红队（Red Team）源自军事术语，在网络安全领域中，红队对目标网络系统进行攻防测试等。通过对抗，网络安全人员可以有效发现网络系统安全管理中存在的漏洞，从而达到改进网络系统安全防范水平的目的——编者注。

息技术风险管理、最佳做法，实施的现场控制进行审查，并建立了信息技术事故报告系统。

4.4.2　健康

健康数据是特定的个人数据，因为健康数据被认为是敏感的。

互联互通、增加的数据交换和数据共享，增加了安全风险，如数据被盗或误用、系统阻碍、连接的医疗设备被黑客攻击等。

一些医院的预约时间表可能会被犯罪分子攻击。犯罪分子联系病人，告诉病人他们的咨询被取消了，并给了他们另一个电话号码来重新安排（以从中获利）。如今，用于早产儿的扫描仪、核磁共振成像仪或恒温箱都是联网的，它们都可能被黑客攻击。

为了更好地了解攻击增加的数量，卫生机构需要通过不良健康事件报告门户网站报告所有攻击事件。卫生部门、地区卫生机构和 Santé 卫生协会合作成立了一个业务支持单位来帮助他们。

除其他事项外，必须由有资质的机构对个人数据保护进行认证。

与银行业不同，医疗行业并不领先。然而，它在医疗干预、行政管理和患者病历存储方面，像其他部门一样都极度依赖信息技术。

医疗机构信息系统是网络犯罪分子的完美目标。操作系统故障的影响可能是经济上的，也可能是操作上的，还会危及病人的生命。2017 年，在英国发生的网络攻击事件导致机构的影像科完全瘫痪，并导致多家医院的患者档案被窃取。

问题严重且日益复杂：随着门诊和家庭医院的发展，机构之间的联系日益紧密。

为了使整个卫生部门遵守《通用数据保护条例》规则，匿名化和区块链、定期安全审查（物理和信息技术）、医务人员培训、适当的流程、数据保护预算和系统安全等适当的工具。

4.5 《通用数据保护条例》(GDPR)

《通用数据保护条例》将欧盟国家现有的数据保护条例，统一在一部法律之下，引入了公司管理个人身份信息的指导方针。

《通用数据保护条例》的目标如下：

1）加强个人权利，特别是提高使用个人信息的透明度、使用个人数据时征求个人同意，以及保障个人数据可转移性方面的权利。

2）明确进行个人数据处理的从业者（如数据控制者和分包商）的相关责任。

3）发展数据保护机构之间的合作，当数据处理业务具有跨国性时，这些机构尤其可以通过联合采取措施（特别是关于制裁的决定）。

因此,《通用数据保护条例》允许消费者了解其个人数据的使用情况，并在以下情况下同意或拒绝将其数据用于特定目的：

公司必须确保制定了适当的安全解决方案、程序和政策，否则将面临因不合规而受到严厉处罚的风险，最高可达2000万欧元，或者对于公司而言，为前一年全球总营业额的4%（以较高者为准）。

罚款数额将根据违法行为的性质、严重程度和持续时间的不同而不同，并考虑到有关处理作业的范围或目的，以及受影响的人数和他们遭受的损害程度。数据控制者或处理者的责任及已经存在的各种技术和组织措施也被考虑在内，以确保公司的合规性。

《通用数据保护条例》在数据治理、信息技术风险管理和防止大规模数据泄露方面，引入了公司及其组织最高级别的经济行为者的责任概念。

对公司来说，这合规性问题、财务问题（罚款、失去客户）和数字信任问题（数据泄露时声誉受损）。

4.5.1 基础条款

基础条款如下：

1）加强个人权利：需要收集和保留对处理个人数据的同意。

2）告知义务：机构遭到黑客攻击的72小时内，将情况报告给法国国家信息自由委员会，并告知被盗信息的数据主体本人。

3）严厉的制裁：它设置了惩戒性制裁，最高可达2000万欧元或一个组织全球营业额的4%（以二者中较高的金额处罚）。

4）数据收集最少化原则：只能收集那些实现信息处理目的绝对必要的信息。

5）数据可转移权：其被收集信息的人，有权要求接收与其有关的个人数据。

6）数据登记：要求各组织跟踪在该组织内部进行的所有个人数据处理业务。

4.5.2　个人资料的定义

需要区分不同类别的数据：

1）个人资料：姓名、邮箱、电话、笔名、IP地址、指纹。

2）财务数据：总收入、工资、交易、消费结构、信用、保险及婚姻数据。

3）健康相关数据：病历、病假、护理、体重、运动活动、饮食习惯等。

4）与使用计算机习惯相关的数据：互联网浏览、社交网络、兴趣、联系人、照片等。

5）环境数据：地理位置、移动、Wi-Fi连接。

4.5.3　所谓的“敏感”数据

根据《通用数据保护条例》要求，需要采取强化措施的敏感数据（影响分析、强化信息、征求同意等见图4.1），具体如下：

1）揭露所谓的种族或民族血统。

2）关于政治、哲学或宗教观点的。

3）与工会成员资格有关的。

4）关于健康或性取向的。

5）遗传或生物学特征。

6）犯罪或刑事定罪的数据。

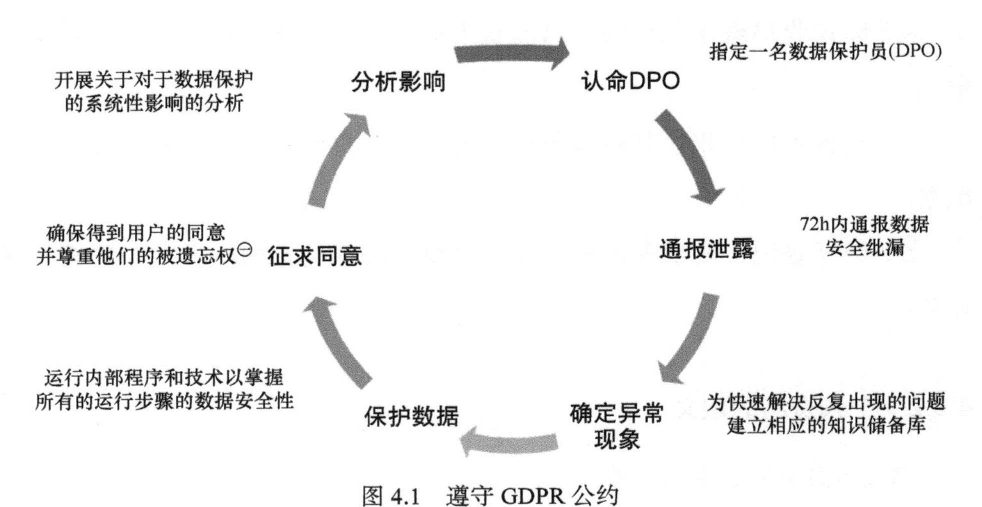

图 4.1　遵守 GDPR 公约

来源：右舷咨询。有关此图的彩色版本，请参见 www.iste.co.uk/defreminville/cybersecurity.zip。

4.5.4 《通用数据保护条例》原则

1. 数据公开性

公司必须准确了解数据的用途，因为它必须通过修改其通信从而使其保持公开，而且能够响应人们的权利要求。

2. 数据收集最少化

公司必须确保数据收集不超出设定的使用范围。因此，任何对信息处理没有用处且不合理的数据都不应被收集（如果已经收集就要删除）。

⊖　被遗忘权是一个法律概念，是指个人请求搜索引擎和其他数据控制者删除关于自己的过时，不相关或有损声誉的信息——编者注。

3. 数据安全

有必要通过技术和组织措施确保实现适当的数据保护。

一旦设计了新的处理操作，就必须构建数据安全流程。

如果个人数据泄露，可能会给个人权利和自由带来风险，因此必须在72小时内将此攻击行为通知给ICO。

4. 相关者责任

公司必须了解该条例，并且已经执行了以下事项：

1）提高员工的认识。

2）启动自愿遵守程序。

3）履行数据处理，特别是高风险处理的职责和义务。

4）制订了有时限的行动计划，以实现完全合规。

4.5.5 符合《通用数据保护条例》的五项行动

遵守《通用数据保护条例》是通过以下方式实现的：

1）了解公司的数据信息：知道收集了什么数据，以及数据在哪里处理和存储。

2）数据保护：允许授权用户访问，且限于执行合法任务。

3）访问控制：这是前一点的基本推论。

4）记录业务，以便能够证明诚信。

5）数据销毁：已经被销毁的数据是不能被窃取的。

4.5.6 处理记录

作为合规性的基础（起点、监控工具，以及其他方面的合规证明），客户和监管机构要进行注册。

处理记录簿要回答的问题如下：

1）为什么：处理信息的目的是什么？

2）谁：谁负责处理数据？

3）什么：关注哪些数据，关注谁？

4）哪里：数据托管在哪里？

5）多长时间：数据存储到什么时候？

6）如何：数据是如何存储的，有哪些安全措施？

4.5.7 要采取的五项行动

1. 任命数据保护员（DPO）

负责合规性审查的数据保护员是联络人。对于拥有250名或以上员工的公司，设置数据保护官员是强制性的。不一定非要为这个角色增设新职位，可以委托给信息技术经理、首席信息官、法律经理或公司以外的合格人员。

数据保护员负责内部合规性监测，就数据保护义务以及与监管机构和数据主体的关系提供建议，其职责复杂而广泛。

数据保护员应定期进行安全审查并提出建议，确保整个组织遵守法规并开展最佳实践，还应确保员工了解合规性要求，确保数据处理人员接受培训并知晓这些要求。

2. 制订一项合规性计划

合规性计划应和公司内部数据治理相一致，包含如下内容：

1）组织：谁负责收集、处理数据、访问管理、保护和安全？

2）文档：如何记录处理操作的目的和操作的内容？

3）流程协调：整个公司有哪些流程？

4）培训/沟通：谁负责培训？培训计划是什么？培训什么时候进行？

该行动计划必须与公司的各位经理（数据保护官员、人力资源、销售和营销部门、信息技术经理和信息技术安全经理）共同制订。计划团队的规模取决于公司的规模及其活动类型。

仅了解《通用数据保护条例》是不够的，了解运营所需的环境、活动、数据，以及公司的法律约束、IT 系统和程序也至关重要。

能够与内部和外部沟通，并能够界定和实施与遗忘或数据可转移等权力相关的程序也很重要。

符合《通用数据保护条例》要求所有公司职能部门的参与，如公司的信息技术、市场营销、人力资源和其他部门。

3. 制定并更新个人数据的处理流程

公司、数据保护员及其各职能部门、运营部门必须核实并传达他们收集用户数据的目的、数据的性质（如个人信息、敏感信息等）及其保留期限。

收集可以是数字化的，也可以通过电话完成，然后以数字方式存储。

了解公司的数据之后，就必须确定存储和介质的位置，以及相关分包商。

4. 更新网站 / 文档

网站和应用程序必须根据新的法律条款和明确的批准要求进行更新，以达到提醒处理操作的目的。此外，拒绝和取消订阅的选项，也必须及时更新。

5. 写信给受影响的分包商和合作伙伴

公司必须留意与其合作的软件发行商、数据主机和信息技术服务提供商，并确保依法采取措施。

除了遵守《通用数据保护条例》协议之外，数据保护员的职责还包括评估公司对承诺的遵守情况。

的确，要求客户同意（或不同意）公司或第三方有明确目的地收集、存储和使用其个人数据是一回事；检查公司是否尊重客户的意愿是另一回事。

例如：

1）如果客户拒绝，数据保护员是否确保公司不收集和存储其数据？

2）如果客户拒绝第三方 cookie，数据保护员能否确保第三方无法访问连接到公司网站的客户的个人信息？

3）如果子公司或供应商（如送货公司）收集客户信息，在为客户服务和交付后，这些信息会如何处理？获取这些信息是安全的吗？与供应商的合同中是否列明允许公司审查其供应商、合作伙伴或不受控制的子公司（如果它们是合资企业）的系统和程序的质量？

此外，要求网站或应用程序发布者遵守《通用数据保护条例》是一回事，验证第三方（如广告代理）是否充分了解客户的同意或拒绝，以及是否遵守客户的意愿则是另一回事。

4.5.8 cookie

通过 cookie 人们可以知道某台计算机、平板计算机或智能手机正在查看互联网上的哪些内容，以及网站访问者的踪迹，尤其是当它们与服务器收到的其他信息结合时，可以用来创建并识别个人档案。

然后，网络浏览数据可以用于创建高性能的定向与个性化广告，并根据消费者或专业人士的兴趣领域来建立他们的档案，以便向他们提供几乎是“量身定制”的商业报价。

《通用数据保护条例》不禁止资料收集，但只能对事先已被告知的对象进行资料搜集，并特别告知其有权拒绝（《通用数据保护条例》第 21.2 条）：互联网用户必须被明确地告知，并有机会拒绝使用他们的数据。

一些 cookie 有助于改善网站导航，还有一些允许网站发布者识别用户，然后向他们发送广告。广告商有时也会在网站上放置 cookie。因此，公司必须监控第三方（广告板和广告商）的活动，这些第三方在网站是否在没有公司协议的情况下，与网站发布者签订正式合同，以及这些合同中是否包含网站发布者和广告商之间的授权链接。

为了验证这些访客协议及公司对客户的承诺是否得到遵循，用于跟踪客户协议及第三方的活动的工具（cookie 跟踪器）被开发出来，验证是否得到了公司和客户的授权，以及合同关系是否在财务和运营方面得到了调整和遵循。

4.6　对公司和董事会的影响

董事和高管必须了解消费者的消费趋势和购买标准。事实上，在 2019 年 3 月进行的研究表明，来自法国、英国、美国、加拿大和澳大利亚的 6381 名被调查的消费者担心他们的隐私和个人数据安全，因为潜在的窃密者不断增加。88% 的受访成年人希望政府建立相关法律体系，“致力于互联对象的安全和隐私”。60% 的受访者表示，“是否存在规定数据安全和保证信息合规性的标签将影响他的购买行为”。73% 的法国受访者“担心他们的数据会在未经同意的情况下被使用”。

83% 的法国受访者认为，制造商必须通过“独家提供”侧重于保护信息安全的产品，来保证数据机密性和用户安全。制造商，至少其中一些，已经充分意识到了这些担忧。

此外，除了商业问题之外，还必须制订合规性行动计划，明确组织、文件、加工操作的一致性、培训 / 沟通、负责人姓名和调试日期。该行动计划将根据公司及其与首席信息官、业务线、人力资源和客户管理的活动来确定。

特别是，有必要做到以下内容：

1）产生 / 更新个人数据的处理：目的、用户、责任、性质、保留期限。

2）绘制数据图，确定存储位置、介质和涉及的分包商。

3）根据新的法律条款和明确的批准要求更新网站和文件，提醒处理操作的目的。此外，还须更新拒绝的选项。

4）让受影响的分包商和合作伙伴（软件发行商、数据主机和 IT 服务提供商）参与进来 。

在刑事诉讼的情况下，如果有证据证明管理人员玩忽职守或他们个人有过错，他们可能被追究责任。相关的违法行为包括侵犯隐私、不遵守流程（请求同意）、未经授权处理敏感数据、未能向信息技术服务提供商通报安全漏洞、通过欺诈手段收集个人数据以及未经同意保留敏感数据。

小结 4.1　关于数据保护的五个警惕点

1）公司对于客户数据的价值观是什么？

2）你对于实际情况（收集的数据、数据的处理和组织流程）了解多少？

3）你知道哪些第三方在持有或收集你的客户的数据吗？你知道公司的数据存储在哪里吗？存储条件如何？

4）你是否对不合规性风险进行了评估（内部评估或通过独立审查）？

5）公司在哪些国家开展业务？需要遵守哪些法律？

第5章 董事会的最佳做法

提供多种应对措施，包含个人和集体、教育、技术、法律和监管等方面。

要避免许多陷阱：

1）有首席信息安全官在，一切都没问题。

2）网络安全是一个IT问题。

3）工具（防病毒、防火墙、监控操作中心和计算机应急小组）已经到位。

4）公司太小，不可能被攻击。

5）自带设备的策略是“安全的”。

6）威胁只来自外部。

7）公司100%安全，无须审查或测试。

8）我们的数据在云端，一切都很好。

9）我们的数据没有价值。

10）网络安全由服务提供商负责。

11）工业基础设施没有受到黑客关注。

12）我们没什么好隐瞒的。

5.1 数字技能

尽管许多公司董事认为，网络安全是一个运营问题，但如果由于网络安全问题、缺乏风险管理和内部控制，公司的可持续性将面临风险，在该领域出现疏忽或管理不善的情况下，可能会追究董事会的赔偿责任。

“董事会的组成必须适应公司的挑战，” APIA（法国独立行政管理人员协会）说。“因此，董事会必须根据成员的多样性，分析他们的技能和经验，尤其是在面临数字挑战的情况下。”

这种数字化能力对于战略问题、网络风险评估以及高管管理的数字化技能、改变内部组织的能力、客户关系、生产工具和公司文化，都是必要的（出生于数字年代的人渴望更快、更透明、更具协作性的组织，这是无法忽视的）。

管理人员不需要成为数字专家就可以数字化地履行职责，了解战略和风险。公司管理人员对问题的理解、他们的网络以及他们与公司专家、内部或外部审查员和风险经理互动的能力，现在对所有公司和组织都至关重要。

当董事会的数字技能问题被提出时，答案是有启发性的：

1）管理人员没有数字技能。

2）这不是一个可以拿到董事会进行讨论的话题。

3）这是一个操作问题。

4）我们无暇解决这些问题。董事会的议程集中在公司战略和财务表现上。

与数字问题相比，董事会的发展太慢了。董事会的规章制度和新技能是促成其转变的主要因素。

所有公司利益相关者、投资者、金融分析师和客户，都希望该领域有相应的主管。

5.2 态势感知

从内容和速度两方面来看，对形势的充分了解是董事会和执行管理层取得良好成效的第一步。

因此，有必要确定共享的信息、频率和方式。数字化工具使得减少董事会和执行管理层之间的信息不对称成为可能。事实上，管理员可以通过媒体、谷歌提醒和社交网络，或者直接实时地获取公司、竞争对手、关键地区或供应商或主要客户的信息。

此外，与执行管理层实时共享某些数据有助于董事和高管之间的交流，即使董事会有必要关注每个人的责任，也应该认识到董事会应与日常生活保持一定距离（除非发生危机）并关注长期发展的重要性。

5.2.1 主要问题

2018 年，美国证券交易委员会（SEC）发布了上市公司网络安全披露指南。随着网络事件越来越多地成为头条新闻，公司和监管机构认识到网络事件不会在短期内消亡，而是成为新的可持续经济中固有的风险。证券交易委员会对董事会作用的看法近年来有所发展，并直接引起了 2018 年指导文件的发布。现在，人们期望公司董事参与进来，因此，他们必须要求对这个通常被认为是最好留给技术专家处理的黑暗且非常复杂的领域有更多的了解。即使这个文件对要采取的措施没有具体说明（这些措施应具体到每个公司），但可以提出了一些建议。

1. 从 CEO 开始——顶层基调

如果首席执行官不理解网络安全的重要性，董事会将难以履行职责，也难以确保适当的、基于风险的措施布置到位并发挥作用。风险通常被最小化，当损害已经既成事实，管理者可能会意识到潜在的影响。后果可能是直接的，有时甚至是灾难性的。

因此，董事会必须采取积极措施，确保首席执行官将网络安全准备作为组织的优先事项。没有首席执行官的领导和日常目标，任何网络安全计划都可能失败。董事会采取的行动要接受审查，董事会的不作为同样也会受到审查。

2. 避免检查检查点清单的方法

负责公司网络安全计划的日常实施，当然不是董事会的任务。但董事会必须参与进来，利用现有资源，了解和评估所采取的措施的充分性，并对其给予切实和持续的关注。

在网络安全领域，和其他话题一样，在其清单上“打钩”有助于营造一种虚假的信任感。董事会面临的关键问题是：公司有网络安全计划吗？这个计划有效吗？为了评估这些问题，董事会成员不能满足于表面问题，必须努力了解现有的政策和程序是否真正适应组织的特定需求。

董事会必须使公司的管理团队意识到网络安全不是一个仅靠信息技术部门就可以解决的问题。

3. 在董事会层面分配明确的监督职责

根据2018年的指导文件，公司必须在其披露信息中含有对董事会如何管理其风险监督职能的描述。与其他审查和风险问题一样，董事会可以合理地将这种监督分配给其现有的审查或风险委员会。

但是，在一些特别敏感的公司，建议建立一个新的董事会委员会专门处理网络安全问题，如网络保险、事件响应计划、业务连续性计划、内部威胁和“不良退出”（那些离开公司并构成威胁的人，例如破坏技术系统的人）、第三方网络安全领域的尽职调查，防范和应对盗版软件，招聘信息技术人员，进行网络安全培训，进行数据安全预算等。

如果一个董事会里面没有网络安全专家，应该考虑聘请外部专家，就像由独立专家对账目审查一样。

4. 需要评估、测试和报告

每季度或每半年进行一次关于公司网络安全计划的状态和健康状况、培训情况、人员配备、评估、测试结果，或其他由第三方对公司网络安全进行的整体状态的评估，这是至关重要的。评估、测试和报告将展示董事会如何在这一日益重要的领域履行风险监控责任。

董事会对网络安全的审查监督，不仅应包括对风险和安全评估、渗透测试报告和其他与网络安全相关的类似审计的彻底审查，还应包括今后实施的纠正措施。

同样，董事会也应该要求管理层参与实践活动，让公司分析潜在的紧急情况。

董事会必须仔细检查公司模拟训练的有效性、及时性、频率和总体结果，更重要的是，经过分析后采取纠正措施。

5. 时刻保持警惕

哪怕最新、最有效的解决方案也是不够的。同时必须正确部署解决方案，并且必须将整合员工意识和培训的计划纳入网络安全计划。所有员工必须保持警惕，应鼓励员工在发现问题时，及时报告。响应速度至关重要的，也是恢复的关键。

董事会了解有关网络安全培训计划的频率和有效性的信息：包括董事会成员在内的受训人员名单、测试（欺诈性电子邮件测试和测试结果）、数据访问政策和信息技术章程。

6. 了解和理解事件

检测和应对网络事件的能力至关重要，对结果也至关重要。有效的计划可以使公司迅速恢复，并使公司免受声誉损害。

相反的，失败的计划可能会进一步加剧潜在危险，使公司面临重大法律风险和声誉损害。确认出现严重的信息技术事件时，公司管理层必须立即通知董事会。这就意味着董事会要充分参与并认真履行其治理责任。

美国证券交易委员会（SEC）2018 年发布的指令强调了提醒董事会这一点。

美国证券交易委员会主席杰伊·克莱顿，在美国国会作证时就证交会遭遇的数据泄露事件作证时，对美国证券交易委员会工作人员没有分享有关数据泄露的关键信息表示遗憾。

董事会必须了解任何可能影响公司及竞争对手或其他利益相关方的网络安全领域的历史事件。

7. 预期

随着上述2018年指令的公布，美国证券交易委员会发出了提醒公司董事会的呼吁。网络安全风险显然已经上升到公司议程的首位，事实上，董事会现在必须对网络安全事件的规划和应对进行认真而严格的监督。

鉴于当前与网络安全问题相关的集体诉讼情况，数据安全事件不仅会产生监管责任，还会给管理员带来个人责任。

当务之急是监控这些风险，就像监控金融风险一样。

小结 5.1　向董事会提出的五个问题

1）董事会知道过去的网络攻击及其严重性吗？一旦发生袭击，是否一定要警告董事会？

2）最后一次入侵测试或独立外部审查是什么时候进行的？结果如何？

3）在管理层看来，什么才是最严重的网络漏洞：信息系统、工具、人员或程序？

4）公司是否有安全政策和程序？它们是否经过测试和审核？

5）公司的网络风险是什么？网络风险是否已纳入公司的风险管理系统？优先考虑的事项是什么？

5.2.2　保险

如上所述，更新保险合同将可能引发对于保护系统的质量、安全策略和潜在漏洞的全面检查。

有许多指南可供公司参考，特别是通常没有信息技术安全专家的中小企业，它们通常没有 IT 安全专家，或者国际集团的子公司，因为它们并不总是受到母公司的关注。

这些指南可能有助于公司实现自我评估，这是保险经纪人或保险公司的基本前提，保险经纪人或保险公司将拒绝为没有在网络安全方面做到最低限度的公司投保。

保险方式是有益的；有时在保险经纪人的支持下，通过回答保险公司的问卷可以对公司的安全性进行评估。如果保险公司拒绝在网络上延长与你的合同，那你就要担心了。

法国保险联合会（FFA）指南由法国政府和法国国家网络安全局推荐，给出了许多实用的建议。

5.3 内部治理

5.3.1 首席信息安全官

优秀的首席信息安全官就像稀有的珍珠一样可贵，但是仅仅找到优秀的首席信息安全官是不够的。优秀的首席信息安全官必须与业务和职能部门互动，并与执行委员会和董事会紧密联系。

首席信息安全官是执行委员会和董事会的联系人，有时向审查委员会通报公司面临的风险、发生的事件和将要推行的措施。

至关重要的是，首席信息安全官要充分了解项目，并与业务和职能部门（如采购、合并和收购）合作，以便能够在衡量措施的有效性后，提供横向视野，调整战略和行动计划。

首席信息安全官依赖公司（分支机构、子公司）内部渠道建立适合于公司内部的安全政策，然后推广和传播该政策，确保与内部审查部门一起执行该政策。重要的是，为了传达并执行安全政策，首席信息安全官拥有公司所有受控制的法律实体的通信员名单，并在发生事故时能够与安全警察保持联系。

就合资企业或联营集团而言，重要的是在设立这些实体时，需要在股东协议内确定何时将适用哪些安全政策，谁将能够审查其应用，以及由谁任命首席信息官和首席信息安全官。负责股东协议谈判的人员应了解这几个方面的内容。

一些公司已经将网络安全总监纳入执行委员会，就像其他公司在董事会中设立了一个数字委员会一样。

执行委员会的范围很广，因为它涉及所有信息系统，包括工业、管理、商业以及现场保护和扩展的企业保护，在集团开展活动的所有国家都有供应商、分包商、服务提供商和子公司。无法逃脱数字化的中小企业，并不总是有足够的资源来确保其运营安全，这些公司中存在“网络死亡”。

网络安全经理是这一链条中必不可少的一环，但他们的效力和业绩取决于整个组织，以及他们与公司内部和外部主要利益相关方的互动。

他们的使命是多重的，也是发展和维护利益相关者（客户、供应商、员工、股东、合作伙伴等）对公司的数字信任的目标的一部分。它的产品和服务是寻找值得信赖的合作伙伴，确保公司在资源和预算有限的情况下保持灵活性。在降低成本、自动化和优化的情况下，保护战略和个人数据对网络安全经理来说是一项挑战。

有必要了解如何保护战略、财务和个人信息，以及如何从设计阶段进行干预（通过设计保护隐私和安全），通过成为传统客户和新客户值得信赖的合作伙伴，在开发应用程序和服务方面为业务提供建议，从而使开发数字活动和创造价值成为可能，促进合规性，特别是在《通用数据保护条例》或《欧盟网络与信息系统安全》的指令下。通过将各种风险相对化来综合建立网络风险，工业系统缺乏安全性对公司的影响将比非战略性或非敏感数据的泄露要严重得多。

5.3.2 首席信息安全官和公司

在网络安全领域，每个人、每个部门都必须承担自己的责任，包括董事会、经理、信息技术部门、首席信息安全官（CISO），以及业务运营、职能部门、员工、相关公司（供应商、分包商、信息技术服务提供商），更不用说国家（基础设施、教育、调查、标准、认证和法规）。

公司内部的经理经常各自为战，而安全，无论是物理安全还是数字安全，都是每个人的事，需要 360 度的全景视角。

企业必须参与风险映射，参与要实施的解决方案及战略资产的识别和安全标准的定义，从而在安全性和敏捷性、安全性和效率之间找到适当的平衡。

威胁发展很快，需要敏捷的响应能力。威胁可能强大而不稳定。如果公司的主要参与者没有做好准备，没有理解和意识到网络威胁，那么他们将无法正确应对和避免影响（见图 5.1）。

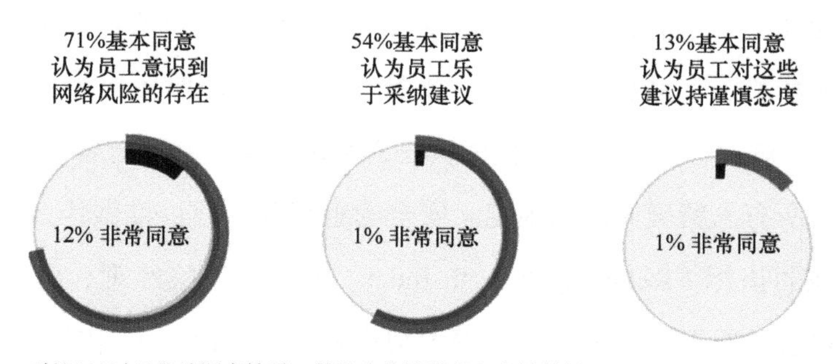

图 5.1 意识到网络安全的员工，但根据首席信息安全官的说法，他们并不太参与
来源：CESIN 群体调查（174 名受访者）。

“我们都很关心！你必须投资。风险就像闪电，任何人都可能被击中。我们必须预测、预防和减轻风险的影响。”纪尧姆·帕尔德历来坚持这样的说法，他在 IFA 再次重申了这一点。

保护自己是可能的，但需要努力。你必须理解然后遵循主要原则，各运营部门要遵守相应的规章制度。网络安全不是专家的事，它必须融入公司的所有项目。

当然，内部治理必须考虑公司的安全问题，以及公司的职能和业务问题：

1）人力资源问题：管理层参与网络安全治理和建立旨在促进关键人员和关键技能、全面培训和专业知识发展的安全文化。

2）财务挑战：为网络安全分配更多的预算，衡量网络风险暴露程度并进行必要的投资，包括实施保险，收集客观数据以评估和管理公司网络表现，进行自我比较并做出决定。

3）法律问题：遵守《通用数据保护条例》，起草信息技术章程和内部条例，管理投诉（公司遭受攻击时的投诉，第三方遭受损害并认为公司负有责任时的投诉），与供应商和分包商签订合同。

4）业务挑战和业务连续性：安全团队与业务部门和职能部门协调，旨在时刻保持安全运营，同时不影响服务质量或环境和人员保护。

5）供应商、客户、合作伙伴和 IT 服务提供商的质量和安全。

各行为体（首席信息官、首席信息安全官、DPO、风险经理）与公司各业务线（工业场所、产品创新、销售、支持功能）、外部服务提供商、用户之间的协调是一个难题，但这是经理们的责任，必须由董事会进行监督。

必须为所有人精确而清晰地定义安全的组织和治理：谁做什么？首席信息官、相对强弱指标（Relative Strength Index，RSI）、风险经理、内部审查和外部审查的角色和职责是什么？谁负责识别威胁（威胁情报）、监控攻击、干预、定义安全存储库、实施安全存储库、验证安全存储库的应用？谁依赖谁？有哪些汇报路线？监督机构的独立程度如何？

建议将首席信息安全官安置在能够有效采取行动的岗位，并确保他们的独立性。安全经理必须遵循以下三个原则：

1）明确的授权。

2）靠近执行委员会。

3）行动自由（也包括预算自由）。

不建议首席信息安全官依赖信息技术主管，信息技术主管的目标是使信息系统易于使用、快速高效。相反，安全措施往往会降低对工作站（密码、双重身份验证）、应用程序（密码、更新）和计算机处理的访问速度。

内部组织必须是全球性的，不能忽视公司中可能被遗忘的部分。内部组织尤其要注意如下几点：

1）信息系统，整个公司：网络保护架构（隔离各种信息系统、隔离公司和工业网络、使用检查和入侵检测工具）、服务器位置、敏感数据备份等。

2）工厂：硬件和软件、网络访问、带有认证和授权加密的数据访问、物理和数字安全协调、更新、u 盘、增强现实工具。

3）管理员（工具和访问权限规则）、用户 [密码、移动性、通信方式、数据存档（多长时间、在哪里、分类）、备份]，经认证的国家网络安全中心（NCSC）或国家网络安全和通信集成中心（NCCIC）服务提供商。

4）决策过程和授权：谁在工具、产品设计、获取信息、招聘、程序（密码更新）、选择服务提供商和合同等方面做出决策？

要小心，首席信息安全官们面临着巨大的压力，他们经常被认为应该对已发生的网络攻击负有责任。他们面临的威胁激增，一方面因员工信息技术状况不佳需要加强对网络风险的内部管理，另一方面要遵守《通用数据保护条例》，首席信息安全官的压力很大。

事实上，正如赛门铁克与伦敦大学和咨询公司 Thread 在欧洲合作进行的一项研究所显示的那样，欧洲 82% 的安全经理正处于精疲力竭的边缘，法国（85%）略高于其他地方（英国和德国为 81%），其中，8% 的安全经理计划辞职，而德国和英国分别为 64% 和 60%。

需要处理许多的警报、保护过多传入 / 传出数据的义务、需要保护的区域太大，以及缺乏资源是这种不安的主要原因。由于缺乏决策者的参与，首席信息安全官们必须评估风险、提出解决方案并做出决定。但首席信息安全官们应是商业伙伴，而不是决策者。

5.3.3 明确责任

受到攻击的公司经常在执行委员会和董事会层面提出网络安全问题，即事件、设备、风险和危机管理。

这就证明，不只是安全经理，连领导者们也面临着新的挑战。责任往往落在安全经理身上，他们负责评估风险、提出解决方案、选择解决方案并加以实施。让安全经理一个人承担如此多的任务，实在是太多了，这意味着公司就处于危险之中。描述这种普遍情况的首席信息安全官就职于一家公司，这家公司在 2019 年第一季度遭遇了严重的问题。

网络安全是决策者的课题。我们必须能够做出权衡，必须在执行委员会上以大家可以理解的方式讨论。执行委员会与法律、商业、技术和金融官员一起做出明智的决定。网络安全占整个信息技术预算的 5% ~ 10%，包括所有预算。它的风险与其他风险一样，必须将这种风险整合到风险图中，并且更新风险分析。人们已开发出了 Ebios 风险管理方法，使用网络棱镜评估风险。

执行委员会选一名成员担任网络安全经理，负责安全事务。网络安全经理不能依赖于信息技术或数字总监，网络安全经理需要敏捷、创新和高效。安全通常是一个制约因素：它会减慢速度并耗费资金。

数字转型和安全之间的融合至关重要。二者必须共同发展。这就是为什么从一开始就一起谈论这两个主题，不能抱有“还是以前好”的想法，这一点也很重要。

对于首席信息安全官们来说，云是复杂的，但是有必要以安全的方式来处理，以分析云合作伙伴的服务。

出于战略考量，云外包数据和服务的识别不能外包（见图 5.2）。

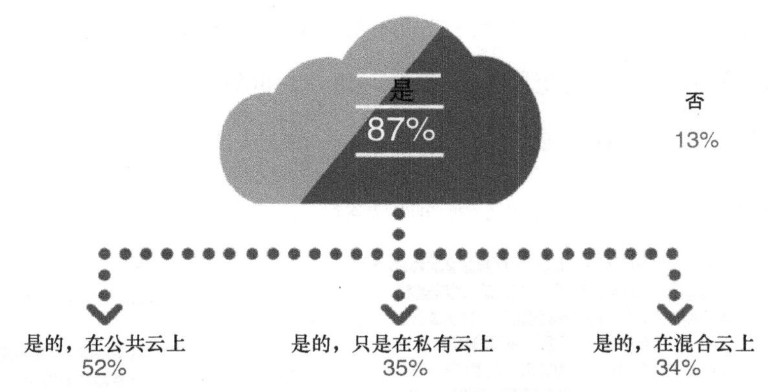

图 5.2　大多数公司至少将部分数据存储在云中，大多数存储在公共云中

来源：CESIN 群体调查（174 名受访者）。

5.3.4　精简供应商组合

2018 年，只有 54% 的信息技术安全经理与不到 10 家解决方案提供商合作。然而现在信息技术安全经理增长到了 63%。

信息技术安全系统过于复杂多样，难以有效和高效。根据美国网络设备制造商思科 2019 年度关于首席信息安全官的报告，简化信息技术安全系统将是未来趋势。

该报告的调查对象是包括法国在内的 18 个国家的 3259 名首席信息安全官和首席信息官。79% 的受访者仍然觉得很难（如果不是非常复杂的话）协调来自多个供应商的警报。这也是现在越来越多的首席信息安全官开始考虑减少供应商数量的主要原因——以便更好地管理第三方风险，优化成本。

此外，51% 的受访者估计安全漏洞对其公司财务的影响不到 50 万美元。同时，45% 的受访者认为这个数值可能会高于 50 万美元。

“非集成”解决方案过于多样化，破坏了对安全警报进行优先排序、管理和响应的过程（见图 5.3）。

此外，75%的企业还依靠自动化来管理信息技术安全优先级，这一比例比2018年下降了8个百分点。对颠覆性技术的依赖也有所下降。因此，67%（2018年为77%）的人表示他们使用机器学习。此外，66%（2018年为74%）的人使用了其他人工智能（AI）应用程序。

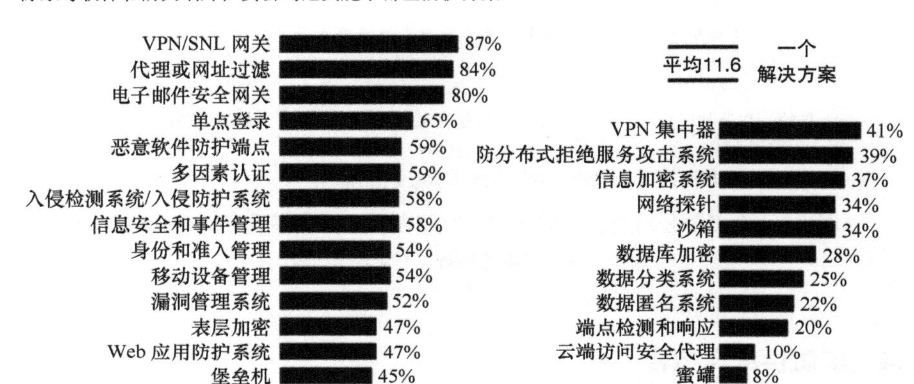

图 5.3 公司平均部署了十几个网络安全解决方案

来源：CESIN 群体调查（174 名受访者）。

5.3.5 安全政策和程序

员工无意中打开包含病毒的附件是攻击的主要原因。防御的第一武器是内部信息和执行程序。

攻击变得越来越复杂，监控至关重要。它基于工具和每个人的警惕，设立热线和专门的团队向所有用户传达他们要扮演的角色（检测、行动前提问和告知）。

各级所有用户的培训（以身作则）至关重要，包括规则提醒、良好做法和流程（例如：对公司负责人的诈骗，即使在紧急情况下也要监控流程，检查指令的来源）。

公司内部存在信息技术安全政策和程序是好现象。然而，对它的定期更新也很重要，尤其是在快速变化的信息技术领域。

此外，必须确保整个集团的政策的一致性。由于历史原因，情况并非总是如此。

最后，仅仅有了安全策略是不够的；必须把安全策略传播给所有相关方，包括小型子公司，并且必须监测其执行情况，这意味着需要定期对它进行审查并监测建议的执行情况。

基于收件人的安全策略：

1）为用户定制的 IT 章程，包含需要遵守的规则（如互联网、电子邮件、密码、社交媒体、保密性、数据管理、移动性、认证等方面）。

2）信息系统和网络安全政策。

3）安全政策，相关设备包括：个人计算机、打印机、服务器、无线网络、网络、电话。

4）针对供应商和分包商的安全政策。

5）备份策略。

1. 云战略

虽然云已经成为当今信息技术的核心架构，但它也被认为是主要的漏洞之一，尤其是在美国《云法案》（2018 年 3 月）通过以来。

内部私有云、云管理和外包私有云都变得越来越重要，并提供了对先进安全技术的访问途径。

这些解决方案的选择是结构化的，但是技术解决方案的选择（与公司系统的互操作性）远远不够，还必须进行风险分析（如上面提到的 Ebios 或 Enisa）。

以下这些也是问题：

1）战略：什么数据将存储在云上？什么处理会通过云？什么需要备份？什么是可用性、可逆性 / 可移植性？

2）法律：有哪些合同，哪些担保？服务提供商是否遵守现行法规？公司有审查权吗？数据在哪里？安全和保密有什么样的保证？

3）财务：年度成本，特定服务的成本。

为加强云端数据安全而采取的主要措施有：

1）在迁移数据之前，对数据进行识别和分类。

2）对云提供商进行选择。

3）数据加密。

4）围绕数据监控用户活动。

5）加强安全规则。

6）员工培训。

7）数据分类必须由决策者完成，不能由首席信息官或首席信息安全官单独负责。企业必须了解问题、数据风险和替代解决方案。

2. 自带设备战略

远程工作、协同工作和自带设备的新用途的出现迫使公司开发新的工作方式和新工具，从而调整公司的安全系统。

必须部署新的保护解决方案，必须让员工了解最佳做法并接受新工具的培训。

这对公司来说是一个真正的挑战。有必要施加限制，防止访问某些网站，禁止将业务文档传输到个人地址，确保外部对公司应用程序和信息系统的访问。同时，如果规则非常烦琐复杂，员工会抱怨约束太多。因此，有必要保持灵活性，在这种情况下，对用户进行培训，以使他们获得如下方便，如知道如何识别恶意电子邮件、识别存在风险的网站并避免连接到不安全的 Wi-Fi 网络等。

在极端情况下，一些公司可能会受到在军事领域所运营的公司的启发，这些公司的计算机和工业网站和互联网保持物理隔绝。

5.3.6 人员

人，既可能是最强环节，也可能是最弱环节。所有的管理必须形成自上而下和从下到上的贯通。因此，有必要发起年度培训活动，而培训必须具有教育意义：解释威胁的形成和限制的理由，要求必须遵守规则（必要时予以打击），并让整个公司参与进来（见图 5.4）。

所有团队的忠诚是减少内部威胁的最佳方式。对于拥有复杂组织的大公司来说，这是一个真正的挑战，因为 75% 的员工不知道安全管理决策。安全管理决策失去意义和团队缺少承诺，直接影响大家对保护公司的警惕性。

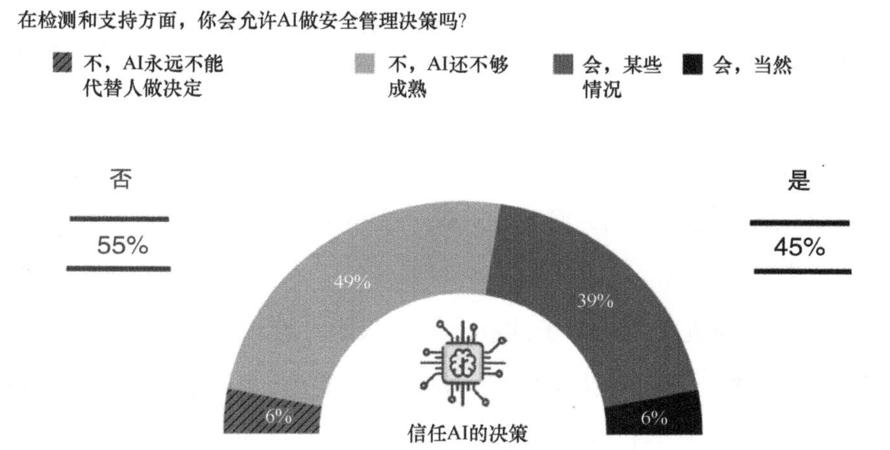

图 5.4　在 CISO 看来，人为干预仍然是必要的

来源：CESIN 群体调查（174 名受访者）。有关此图的彩色版本，请参见 www.iste.co.uk/defreminville/cybersecurity.zip。

正如多次提到的那样，组织、角色、责任和授权的明确、网络安全专家、专业和职能部门之间的合作、在开展工业或商业数字转型项目或并购业务中与网络安全专家的合作，以及决策过程，都对于公司的成功及其可持续业绩至关重要。

所有大公司都需要在所有部门、站点和子公司部署网络安全计划。

中小企业的组织没有那么复杂。然而，培训、安全文化、战略资产的识别、与信息技术服务提供商一起考虑安全规则、管理人员的风险规划以及对流程重要性的认识都是至关重要的。这是对时间而不是工具的投资。使用受信任的服务提供商至关重要。本书附录 B 提供了一份良好做法的清单。

5.4　数据保护

数据治理工作始于每个企业识别关键资产，并对信息的保密程度进行分类。没有必要以同样的方式对待所有信息。

共享信息对于提高效率至关重要。不需要每个部门将另一个部门的信息输入自己的数据库。这会浪费时间，成本高且容易出错。两个信息源可以提供不同的信息。

在大公司中，由于权力（信息就是权力）、更新频率（从一个功能到另一个功能的要求不一样）、范围、保密性、要求的质量水平或组织（更新数据库的人员的可用性）的原因，信息不被共享是很常见的。

数字化转型需要共同的愿景、资源、流程实施和变更管理，这样才能带来更高的效率和可靠性。

要指定流程负责人，授予读取或写入权限，管理这些访问的更新，保护访问，保护数据，确保数据完整性（例如文档更改），防止数据被更改或破坏（见图 5.5），确保其一致性、可靠性和相关性，管理和监控日志和流（控制访问，跟踪活动，管理数据违规问题，减少漏洞，必要时使其匿名等）。

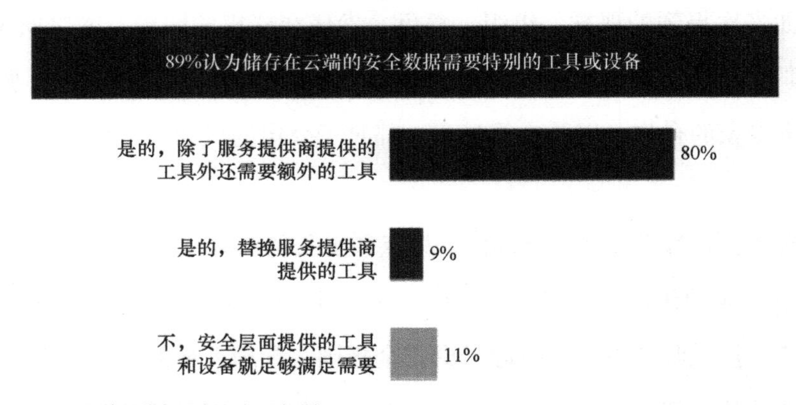

图 5.5　为了保护存储在公共云中的数据，CISO 不仅使用服务提供商提供的工具

来源：CESIN。

5.4.1 电子邮件

邮件从来都不是完全保密的，为确保信件、信息或合同只为少数人所知（仅发送方和接收方，仅合同签署方），总需要采取预防措施。电子邮件也是一样，但是对此知悉人数的比例是多少？

如何控制公司内部的信息流？如何确保写给客户或供应商的电子邮件，在发生争议时不会对公司不利？如何限制法律和财务影响？如何在确保遵守现有的授权的情况下，根据在公司的职位、雇佣合同和雇主法律实体，来界定每个人的授权和责任？

谁写了关于给定项目的内容？ 对此有谁知晓？信息流是已知的和处于管理中吗？有什么规定和授权吗？通常在发生争议、审查或司法调查的情况下，我们才知道在一个项目中交换的电子邮件数量。

有些人坚持认为，他们从不发电子邮件，也从不回复别人发的邮件，就不会给黑客以可乘之机。但是他们如何行使他们的职责呢？当然，并不是所有事情都有风险。在知道电子邮件和附件可以阅读的情况下写信，并想知道谁可能会滥用它们，是使用它们的基本规则。

与一些加密通信的安全消息不同（但要小心，WhatsApp 消息曾被认为是安全的，实际上似乎并不安全），电子邮件并不安全。

因此，我们必须找到工具并合理利用，这样的工具肯定是有的。以下推荐一些解决方案[1] ：

1）质子邮件：总部位于瑞士的质子邮件是开源网络邮件，设计时尚，提供不同级别的加密。在质子邮件中，邮件会被自动进行端到端加密（内容和附件）。用户还可以向其他消息系统的用户发送端到端加密消息。

2）总部位于德国的 Tutanota 是类似于质子邮件的开源网络邮件。它的界面设计相当清新优雅。在 Tutanota 用户之间，消息自始至终都是自动加密的，

[1] 来源：吉尔伯特·卡伦伯恩（Gilbert Kallenborn），文章发表于 2019 年 4 月 13 日。

需要使用强身份验证。

3）比利时的 Mailfence 是一种专有的网络邮件服务。它的设计不如前两个好看，但是很有效。可以使用 OpenPGP 或对称加密对消息进行端到端加密，身份验证严格。

5.4.2　工具

“旧”系统并不总是容易使用，微软发布的常用工具也不总是容易使用（例如，活动目录）。2014 年的法国国家网络安全局技术说明指出：“需要注意的是，活动目录包含用户私密信息，例如用户的身份信息。事实上，活动目录是网络攻击者特别关注的目标。”

活动目录是微软为 Windows 操作系统实现的目录服务。活动目录的主要目标是为使用 Windows 系统的计算机网络提供集中的标识和身份验证服务。活动目录允许策略分配和实施，以及由管理员安装关键更新。

如果攻击者拥有域管理权限，则可以自由执行所有必要的操作，如提取或破坏数据。因此，具有特权的单一账户对系统的损害可能导致信息系统完全失控。

这个目录如此复杂，以至于恶意攻击者可以用各种或多或少微妙的、对某些人来说难以察觉的方式隐藏自己。

攻击者就能够在信息系统的多个服务和应用中留下后门，这将导致持续复杂攻击的巨大风险。

以这种方式受损的信息系统有时无法被修复，必须完全重建，这需要大量的财力和人力资源。

因此，控制和保护活动目录至关重要。主要保护工具必须适应数据价值和信息系统的重要性。

保护工具（防病毒和防火墙）可以每天自动更新，“异常”行为检测工具可以分析工作站或服务器上的下载行为和可疑动作，监控输入和输出的过滤工具，可以检测恶意入侵。这些都是必不可少的。

没有 100% 安全的系统，必须对试图通过的威胁尽快进行检测，争取当天就发现。这比五年后才检测出来好得多，它们的后果不一样。

可以外包和共享这种监控。附录 C 中列出了用于识别、保护、检测、反应和恢复的工具类型。

5.4.3　双重身份验证：更好，但不是 100% 可靠

建议使用双重身份验证。现在银行正在使用，越来越多的敏感公司也开始使用。双重认证包括当你试图连接到你的在线账户或工作站时，通过短信或应用程序向你的智能手机发送验证码。这项技术提供了一层额外的保护，原则上非常可靠。还有谁能拥有你的手机并复制你收到的代码？

不幸的是，如果攻击者发现了运营商给你 SIM 卡发送的邮件，或者通过窃取你的身份得到了你 SIM 卡的副本，你所收到的短信就会显示在他们的手机上。虽然他们需要在您的联系人信息中找到用户名和密码（这很糟），但有时这并不困难，因为大多数用户为了简化对其应用程序的访问，都只有一个唯一的密码。

5.5　选择服务提供商

不能仅让外部服务提供商负责网络安全。如果发生信息技术事故，公司及其公司管理人员仍需承担责任。资质（产品资质和服务资质）由安全机构根据能力和信任标准确定，这两者都是必要的。

信息技术，通常部分或全部由外部方管理，他们拥有太多的访问权限来管理大公司的系统。

正是通过供应商去接触他们的客户，因此很难区分授权连接和未授权连接。因此，网络安全要求必须包含在供应商的合同中。

5.6 预算

网络安全的预算通常占信息系统部门总预算的5% ~ 10%，但也会根据公司的活动而有所不同。对于国防企业、看重知识产权且拥有大量个人数据的公司来说，数字化水平和预算水平都会更高一些。

预算包括四个主要项目，即网络防御（保护、检测、响应）、技术手段维护、流程演进和相关信息、网络安全意识和培训活动。

特别是在大公司，网络安全工具和服务提供商数量的合理化，如选择互操作工具，使得有可能优化的投资和服务预算集中于技术观察、监控工具和人工智能上，为运营和职能部门提供资源，确保从项目开始就发挥商业伙伴和“守护者”的作用。

网络安全不应仅被视为一种成本，它应该被视为做生意的杠杆、竞争力和绩效的工具，以及组织健康状况的晴雨表。

与任何投资一样，高管和管理员应能够跟踪与数字转型、信息技术安全和数据保护相关的支出。

投资或创新委员会可以在有限的时间内成立，拥有特定的技能，以建立技术观察站，监督初创实验室或加速器，管理数字项目、成本、风险及其绩效。投资或创新委员会还可能负责合规性检查、内部治理、风险和保险事宜。

5.7 网络安全文化

在网络中所有人都有联系，所有人都参与其中，所有人都有责任，网络安全经理是公司必不可少的商业伙伴。网络安全是每个人的事。监管机构和投资者特别关注企业如何依靠人才和文化来提高公司的业绩和确保可持续性。

英国对网络治理规范进行了修订，建议董事会评估企业文化并监督其演变。同样，荷兰和日本也修订了网络治理规范，重视文化的重要性，定义、衡量并监测网络文化的演变。

美国反虚假财务报告委员会发起人委员会（The Committee of Sponsoring Organizations of the Treadway Commission，COSO）汇集了美国各种会计师和内部审计师协会，并为企业风险管理提供指导，它认识到企业文化在风险管理中的基本作用。COSO 强调董事会和管理层要明确公司的价值观，确保公司文化得以传播，特别是通过保证规则及规则应用符合公司文化。以身作则是领导的美德，可是有些领导说一套做一套，反而为很多过失或恶意攻击提供了便利，对公司价值造成破坏。

适用于一般文化的也适用于网络安全文化。董事会本身的构成、动态和文化必须反映企业文化及其战略目标。如果一个董事会没有获得适当的技能，也没有任命一个能够领导这一转型、理解问题和控制风险的领导者，那么要如何促进数字转型、网络安全和创新呢？他们花在这上面的时间够吗？薪酬方法是否按照新范式发展？

职业分散、缺乏员工支持，在网络安全实践和公司期望的网络安全文化之间造成了巨大差距。

对于所有公司来说，坚持网络安全文化至关重要，但实际上，员工通常是抵御网络钓鱼攻击的唯一屏障，而他们都不具备用于保护公司的必要网络安全文化。

《数字企业信息系统治理审查指南》（ISACA）进行的调查显示，95% 的公司认为，当前公司的网络安全文化与理想文化之间存在差距。实际上，员工没有得到足够的培训，甚至可能会疏忽大意，这说明在网络安全上人的作用仍然至关重要。

然而，80% 的组织报告称，它们培训了员工并传达了行为规则以改善它们的网络安全文化。但参考研究表明，网络安全文化还是缺乏的。虽然网络安全文化是“可取的”，但 41% 的员工并不认同，39% 的业务部门在网络安全文化上并不与公司的一致。

网络安全不仅是首席信息官和首席信息安全官的事情。《数字企业信息系统治理审查指南》调查显示，文化变革是首席信息官的责任，也是人力资源的责任。为了分享对网络安全的责任感，寻找并弥补自身差距，网络安全文化必须具有包容性，这意味着需要让员工参与网络安全讨论，当新员工融入时，尽快为其明确安全协议，根据部门风险概况定义安全需求，并组织模拟网络攻击演习。

5.8 高级职员和主管的检查表

检查表是一种很好的实践方式。当然，它必须适应公司运营部门类型、规模和接受者。它必须被视为工作工具、沟通工具和决策工具。检查表或多或少会是综合性的，取决于信息接收者（董事会、执行委员会、业务部门、信息技术部门、首席信息安全官）。检查表将随着需求、优先事项和对问题的理解的变化而变化，将与执行委员会的每位成员都可以共享。明确谁对所提供的信息和采取的行动负责，这是很重要的。

附录A是检查表示例。

小结 5.2 最佳实践：五个常见的问题

1）是否向所有工作人员分发了关于数据、系统和移动设备的书面程序？

2）网络事故是否可以自发上报（安全环境）？

3）各项职能（资讯科技、人力资源、法律及合规）和业务范畴，是否营造了一种网络安全和负责任的文化？是否为执行指示和识别威胁提供了定期培训和信息服务？

4）在招聘、培训、流动性和对网络问题的理解方面，有哪些人力资源政策？

5）访问控制、加密、备份、流量监控等方面，是否安排到位并有效？

第6章 恢复能力和危机管理

6.1 如何保证恢复能力

在管理大型网络安全事件响应计划（Cyber Security Incident Response Plan，CSIRP）的组织中，54%（法国为53%）不进行定期压力测试。超过一半的组织，承认在过去12个月中成为攻击或数据泄露的目标。

然而，另一项由IBM赞助的波那蒙研究所（Ponemon Institute）的研究表明，遏制了数据泄露的公司，在不到30天的时间内，共节省了100万美元由网络攻击事故引起的总费用。

国家信息系统安全机构（或类似机构）为中小企业开发了指南或评估工具，以帮助公司评估其需求，并采取主要措施确保公司的恢复能力。

瑞士联邦制定了一项信通技术标准，为提高瑞士公司的，特别是瑞士的关键基础设施运营商的信息技术系统和基础设施抵御网络风险的能力提供了指导。

该标准包括一份参考指南，其中包含防范网络威胁的组织或技术原则。此外，它还提供了一个工具，允许公司评估其信息技术恢复能力的程度（或让外部方对其进行审查）。

该标准还为公司提供了一个框架，为用户提供了一系列具体的措施，包括：识别、保护、检测（设置永久网络监控，以检测潜在的网络安全事件，并确保恶意软件可以被检测到）、响应、将以前的网络安全事件的经验教训整合到响应计划中、恢复（恢复备份、重启系统）。

如图 6.1 所示为重大网络攻击做准备：不到二分之一的公司认为有能力应对这样的网络攻击。

你认为你所在的公司做好应对大规模网络攻击的准备了吗？

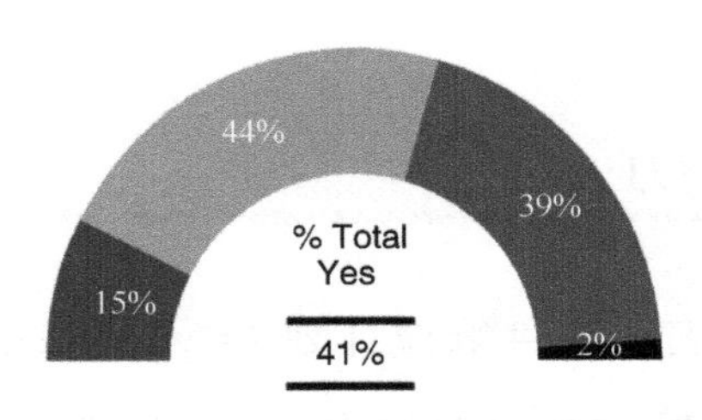

图 6.1 为重大网络攻击做准备：不到二分之一的公司认为有能力应对这样的网络攻击

来源：CESIN 群体调查（174 名受访者）。此图的彩色版本，请见 www.iste.co.uk/defreminville/cybersecurity.zip。

该标准还包括一个数据库，通过该数据库，公司可以以匿名的方式与其行业内的其他公司进行比较。该标准适用于电力行业，为能源供应商制定最低信息技术安全标准，该标准被视为降低瑞士能源部门遭受网络攻击而停电的危险性的一种方式。继电力部门之后，其他部门将紧随其后，包括废水处理、天然气供应、物流和电信。图 6.2 所示为网络弹性。

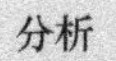

图 6.2 网络弹性

来源：右舷咨询。

6.2 计算机应急响应小组的定义

计算机应急小组（Computer Emergency Response Team，CERT）是一个能力中心，负责网络攻击的报警和反应，集中处理安全事件后的援助请求，处理警报，建立和维护漏洞数据库，宣传为最大限度地减少风险而采取的预防措施，与网络能力中心、运营商和互联网服务提供商以及国家应急中心和国际应急中心等其他实体的协调。

计算机应急小组的使命是持续改进，更好地了解情况，以便能够预测和快速反应。

6.3 安全运营中心的定义

安全运营中心（Security Operations Center，SOC）是一个监督系统，目的是确保事件的检测和分析，定义安全事件的响应策略。

安全运营中心专家持续分析系统报告的事件，识别潜在的网络安全风险。其主要目标是对信息系统进行全天候的监控。大型公司有时会有自己的安全运行中心，但这些服务通常是外包和共享的，专家因此可以有多公司的视角。

6.4 欧洲网络和信息安全局的作用

此外，欧洲议会和欧洲委员会于 2017 年 9 月共同商定，在恢复能力、威慑和防御措施的基础上，向欧盟提供强有力的网络安全保障。这一欧洲网络恢复能力战略赋予欧洲网络和信息安全局（European Network and Information Security Agency，ENISA）长期而广泛的任务，以加强欧盟的网络恢复能力和应对网络空间挑战的能力，特别是定期监测威胁形势和应对跨界事件的能力。

小结 6.1 需要记住的五点恢复能力的条件

1）总体上加强“保健”措施，如在公司内部推广良好的做法、培训和通报、保持警惕（新形式的攻击、新风险）。

2）构建组织、制定规则、开发方法工具等。

3）识别并保护关键数据和系统，限制对公司机密数据的访问。由公司最高层决策机会与风险，相关数据是核心业务数据。

4）进行审查：进行测试和风险等级评估（国家网络安全机构要对审查员进行认证）。

5）第三方：通过定义内部和外部责任来明确法律环境（例如 IT 服务提供商）。对 IT 解决方案提供商承诺的安全级别进行挑战测试。使用经国家网络安全机构认证的产品和服务提供商。

6.5 业务连续性计划

信息、联系人、关键工具和重要信息都应在危机前确定。唯一的解决办法是让自己保持警惕。想象一下，明天早上你的电子邮件系统将不再工作，你将无法访问联系人，你最先进的生产工厂将被关闭，你将无法再向客户提供服务（如银行），存储或交付提供商的信息系统将被勒索软件封锁，客户的个人数据（如护照、社会保障或信用卡号码）将被窃取，而你正在处理的文件（如法律和税务咨询公司的文件）将在三周内无法访问。

鉴于网络事件或攻击的潜在后果、有时出现的连锁反应及反应速度，为危机做好准备至关重要。准备工作需要做到增强风险意识、构建危机场景、识别风险和风险等级评估，然后制订危机当天部署的行动计划，最后考虑为避免重大危机而采取的必要措施。

因此，有必要确定内部和外部的关键职能和关键人员，为危机管理做准备，并能够为事件当日制定处置程序。谁负责什么，什么时候负责？应该通知谁，应该通知董事会吗？根据危机的严重程度，谁来通知董事会？公司各级和外部的内部沟通策略是什么？

每个公司将构建特定的危机场景，这将取决于其活动、基础设施和组织。

在发生攻击或 IT 事件时，最重要的是确保业务的连续性，即重新启动系统和恢复数据。必须采用严格的程序和规则。

6.6 危机管理

6.6.1 准备工作

在危机管理的准备工作方面，有几个问题：

1）危机何时开始，我们如何确定起点，如何快速诊断？

2）员工发现警报响起时该怎么办？

3）做过什么演练吗？

4）我们如何避免忘记历史教训，如何获得保险支持或承担风险？

5）我们能恢复最近的备份吗？

6）我们有内部沟通的手段吗？例如，一个工具、一个信息系统或联系人？如果没有联系人的数字或纸质记录，我们将无法给任何人打电话。我们能记住的电话号码越来越少。

与火灾或船上人员落水演练一样，最有效的方法是模拟和重复。即使这个练习有时会让你觉得好笑，注意力也不集中，但这些模拟也能让你提高危机意识，与所有相关团队一起准备程序，并重复一些基本操作。

对于大公司，尤其是重要的运营商，演练这些科目有如下几个目标：

1）想象场景，确认第一步应该做什么。

2）确定公司中管理危机的关键人员（他们必须 100% 待命）。必须记录下他们的时间表和电话号码。根据影响类型、公司类型（规模、活动领域）和决策，这些人必须有一个确定的备份，以便传递信息，通知合作伙伴（律师、服务提供商）、相关部门 [法国国家网络安全中心（NCSC）、网络信息官员]。参与决策的人员范围要缩小，并围绕首席信息官组织。

3）测试参与者管理技术（网络中断）和组织问题的能力（向所有可能受攻击影响的服务提供商传达攻击事件），并向团队汇报情况。

4）准备应急通信手段，确保安全通信。

5）多与员工、媒体和利益相关者沟通。发生了哪些事件？哪些数据被泄露了？造成了什么影响？这些他们都要了解。

6.6.2 退出思考状态

我们知道，网络危机随时可能会发生，就像火灾随时可能发生、船上的人可能掉进海里一样。

如果行动已经尽可能提前准备，危机已经尽可能认真模拟，恐慌就会得到控制，行动就会按计划进行。

危机发生时永远不会完全像模拟的那样。危机发生的地点、第一批参与的人、危机发生的时间，都与模拟训练不同。

意识到危机可能发生，就有可能预测“应对措施”，包括防止危机蔓延的第一批措施、恢复活动、编制资产负债表（数据、系统、受损设备、财务损失）、调查和归责、内部和外部沟通。

信任是最重要的杠杆之一。如果一个人对所有可能的情况都有所准备，副作用就会减少，反应能力也不会受到影响。

6.6.3 确保业务连续性

遭到攻击后，当务之急是恢复公司生产、销售、支付和收款的能力。

系统的能力并不总能快速恢复。在这种情况下，有必要培养在系统能力降级（或深度降级）的情况下工作的能力。

伊夫·比戈（Yves Bigot）是唯一同意就 2015 年 4 月 TV5 世界（TV5 Monde）频道遭受网络攻击事件作证的商界领袖之一，他的证词非常有价值。以下证词来自高等商学院管理委员会在 2017 年组织的一次会议，以及网络攻击后媒体发表的各种文章。

所有屏幕都变黑了。如果被攻击的机器没有立即被断开连接，所有系统和库存都可能被摧毁。该频道总经理伊夫·比戈说："公司可能已经被彻底摧毁了。"

如果不能尽快恢复，依照法律，TV5 电视台的播出业务合同会被中断。因此，首要目标是恢复电视播放，而不是计较播放的内容质量如何。

法国国家网络安全局在 TV5 Monde 频道的办公场所与其团队待了 6 周的时间，以了解攻击过程，并帮助恢复服务。需要注意的是，TV5 Monde 有国家网络安全局认为"正确"的保护。"我们很幸运。"伊夫·比戈特说，他承认他的"心理上没有准备"。

他也承认，信息系统还不是 100% 安全的："这是一项非常漫长而乏味的工作。我们仍在部署我们的保护系统，并分阶段定期强化。最初几个月对我们来说是可怕的，因为安装这些新系统会产生副作用。"

在财务上，这种安全性是有成本的，约占 TV5 Monde 总预算的 4%。伊夫·比戈称"确实存在危险，但问题是这无关紧要。每个人都关心这个问题，但与此同时，并不是每个人都准备好采取必要的措施来保护自己。"按照伊夫·比戈的说法，这个成本是合理的。

危机发生后，各小组不得不在没有互联网的情况下继续工作近 6 个月，工作方法也发生了长期变化，特别是在信息、文件和电视制作方面，同时系统的物理安全性也得到了显著改善。

6.6.4 TV5 Monde 网络攻击事件

以下是 2015 年被派去修复该电视频道的应急人员首次讲述他们是如何应对这场史无前例的网络攻击的。

2015 年 4 月 8 日，凌晨 3 点左右，在法国国家网络安全局位于巴黎的超安全场所美居（Mercure）大厦里，电话铃响了。电话另一端是法语电视频道 TV5 Monde 的负责人。该频道的技术人员几小时以来一直在与一场前所未有的网络攻击进行斗争。它的网站和社交网络的账户遭到攻击，图像制作系统无法使用，节目播出被迫中断。这个在 200 个国家为 5000 万观众播放节目的频道显示为黑屏。

黎明时分，TV5 Monde 频道、专门处理网络犯罪的警察、法国国内情报机构和法国国家网络安全局的相关人员举行了一次会议。法国国家网络安全局负责保护国家的关键信息技术系统和最敏感的公司，理论上不参与电视频道受到攻击的处理中。但这一事件是前所未有的，并且它已经被公开了，并作为紧急事项，法国国家网络安全局的计算机应急人员被派往电视台所在地。

这些干预对应急人员来说很常见，他们每年大约遂行 20 次类似的任务。在正常情况下，执行与此类似的任务是在关键公司或基本国家系统中，在完全保密的情况下进行的。TV5 Monde 是一个特例，它的破坏是直接可见的。这是法国国家网络安全局应急人员工作第一次被曝光。这一事件发生两年后，他们在 6 月 9 日于雷恩（Rennes）举行的信息和通信安全研讨会上详细介绍了有关这次攻击的干预措施。这是法国国家网络安全局第一次在公开场合进行这样的工作。

这也是法国国家网络安全局第一次公开分享经验的机会。

在任务最初的 48 小时里，9 ~ 15 名专家寻找攻击者留下的最明显的线索，就像在敌军离开后在街道上来回巡逻的拆弹专家一样。他们也担心会有“逻辑炸弹”，这是攻击者留下的代码行，在被感染的系统重新启动时被激活，旨在进一步使网络瘫痪。好在这种担心最终没有发生。

从调查的第一个小时起，专家们的注意力就被吸引到 TV5 Monde 频道的一个网络账号上，这个账号是用法语配置的，权限非常广泛。问题是它不是由 TV5 Monde 的技术团队设置的，而是盗版的。调查人员设法恢复了它最后的行动记录，并意识到它连接到了一个在 TV5 Monde 的网络之外的未知的互联网服务器。专家查到了该服务器的 IP 地址（这是服务器在互联网上的标识符），并试图部分揭露这次袭击的幕后黑手。

在调查过程中，法国国家网络安全局特工收集了大量数据以进行分析，包括黑客网络行动的进度。他们花了几周时间才详细了解了攻击者是如何渗透到 TV5 Monde 网络中并摧毁了所经之处几乎所有东西。

1. 攻击的准备

攻击从 1 月 23 日开始。黑客从外部观察 TV5 Monde 的网络基础设施。他们发现，使用虚拟专用网络（VPN）可以从外部连接到它们的内部网络。然后，黑客通过系统中一个分包商的标识符和密码进入网络系统。黑客是如何获得这些信息的？这是调查中为数不多的未知数之一。事实就是，黑客已经渗透到 TV5 Monde 的网络，正在仔细监控。

一旦黑客进入内部网络，他们就获得了全部权限。这使他们能够找到两个非常特殊的服务器，它们控制着电视机上的摄像头。黑客使用这两台服务器中的一台连接到系统，该系统负责分配网络上的每台计算机允许或不允许做什么。黑客一旦得手，就可能拥有全部权限。

然后，黑客四处窥探。他们沉浸在 TV5 Monde 信息技术部门的内部文档和信息中，搜索一切可以继续被渗透的信息。他们输入的关键词很精确，他们想知道网络（更具体地说，是管理频道播放视频流的网络）是如何组织和配置的。从一开始，他们就对法语频道的图像发布系统感兴趣。

黑客的这次攻击很成功，他们从各种机器上恢复了很多信息，包括 ID 和密码。在几个星期内，他们非常谨慎，没有采取任何活动。法国国家网络安全局的人员猜测，在这段时间黑客对收集到的数据进行了分析、理解，甚至翻译。暂时离开只是为了更好地回来，黑客首先检查恢复的元素是否有效。他们检查了社交网络的访问密码是否正确。当时是 4 月 6 日，也就是网络攻击发生的前两天。

4 月 8 日下午 3 点 40 分，黑客对 TV5 Monde 的网络进行了最后一次检查。他们把标准的间谍软件放在显眼的地方。奇怪的是，间谍软件从未被激活。根据法国国家网络安全局的专家的说法，这种恶意软件可能被留在网上，作为诱饵，误导调查人员。

2. 攻击的开始

4 月 8 日晚上 7 点 57 分，黑客开始了他们的破坏行动。他们修改了多路复用器的参数，使其无法重启，多路复用器是管理和指挥大量视频流的计算机。这种变化是看不见的，直到视频流被关闭，信道继续传输。第一个明显的行动发生在晚上 8 点 58 分，所有 TV5 Monde 视频流被中断，屏幕变黑。

晚上 9 点 48 分，又一次袭击开始。黑客连接到 TV5 Monde 网络的几个关键部分，并破坏了运行软件。所有 TV5 Monde 视频流又一次被中断，屏幕变黑。

不幸中的万幸是，TV5 Monde 刚刚新推出一个主题频道，许多技术人员在深夜还在现场庆祝，他们立即做出了反应。他们的任务因黑客的新攻击而变得复杂，黑客在晚上 10:40 干扰了公司的内部消息。此时，TV5 Monde 的团队已经完全失去了对网络的控制。午夜前不久，他们做出了唯一可能阻止这次袭击的决定，即将袭击与外界完全隔离开来。

即使黑客们失去了抓手，但法国国家网络安全局的专家在清晨到达时，已是一片数字废墟。他们来帮助无助但有能力且非常合作的技术团队。法国国家网络安全局的专家的判断力是众所周知的，但他们从来没有面对过这样的媒体压力。摄像机对准电视频道所在大楼的入口处。TV5 Monde 记者的工作场所现在上了头条新闻，人们试图从他们那里获取信息，这影响了最初几小时的调查。官员们为这种场合做好准备，需要封闭危机处理室的玻璃门，躲避走廊里的摄像机，甚至当采访记者及摄像师闯入房间时躲在桌子下面隐藏。

法国国家网络安全局代理和 TV5 Monde 团队努力恢复对网络的控制。他们的任务在技术上也很复杂。为了了解黑客的作案手法，他们需要非常快速地熟悉视听领域的专用设备。虽然攻击已经有几个星期的时间，但留给法国国家网络安全局专家发挥作用的最后期限却是以小时计算的。专家帮助明确行动目标，必须尽快恢复播出，为员工提供临时但安全的工作解决方案。最重要的是，尽一切可能确保黑客不会再次涉足该频道的网络。 压力是巨大的，中断节目播出的每一分钟都要耗费电视频道数千欧元。

第一批安全的计算机是为 TV5 Monde 记者安装的。从那天晚上 8 点开始，TV5 Monde 频道再次播放节目，但只播放了预先录制的内容。与此同时，该频道开展了清理工作，丢掉被感染的机器，换成了新设备。专家们搭建了一个小房间，以便记者们可以继续工作，五台计算机上“绝对禁令：不连接任何东西”的标签清晰可见。在这个阶段，法国国家网络安全局特工仍然担心黑客会回来。日子一天天过去，工作站增加了，很快形成了新的新闻编辑室。几周以来，公司员工都被这件事情弄得精神受创。当法国国家网络安全局取消了容易被攻击的旧密码时，恐慌的浪潮席卷了整个公司。因为系统又不能用了，所以许多记者以为黑客又回来了。

3. 高风险等级

在一个月的时间里，法国国家网络安全局的专家、TV5 Monde 团队及其分包商共同绘制网络地图，准备切换到没有攻击痕迹的安全系统。 这件事发生在 TV5 Monde 被攻击一个月后的 5 月 11 日。从下午 5 点至凌晨 5 点，他们在无法断开网络的情况下，进行极其精细的操作。因为 TV5 Monde 绝不能再一次停播！专家们甚至不得不每 4 小时中断 1 次他们的技术操作，以避免干扰新闻节目的播出。

这一动荡事件发生多年后，仍很有教育意义。TV5 Monde 将大部分网络外包给分包商，稀释了对网络的管理，一些基本的良好做法没有得到遵循。黑客正是利用了这个安全漏洞。法国国家网络安全局的专家说，大多数法国大公司都存在这样的缺陷。法国国家网络安全局的专家是完全有资格这么说的。

对 TV5 Monde 的攻击也引发了一些国家专家的担忧。“人们真正意识到了信息技术在现代社会中的重要性，”法国国家网络安全局的一名专家解释道：“已经出现多次警示，TV5 Monde 就是其中之一。今天，没有一个网络攻击者真的想在法国杀死任何人，但请记住，有一天这可能会造成很大的伤害。”

总的来说，这次攻击将使电视频道五年共计损失大约 2000 万欧元。这次攻击的幕后黑手是谁？法国国家网络安全局没有就这一突出的问题提出任何建议，而是在攻击当晚启动司法调查来追查可能的领导人或支持者。

调查人员不顾在该频道的网站和社交网络上发布的声明，向黑客组织 APT28 求助，该组织于 2015 年 6 月从司法渠道获悉 TV5 Monde 遇袭事件。APT28 被怀疑是外国的专业互联网武装力量。

6.6.5 最初几小时的管理

1. 紧急措施

最初的几小时应该专注于应急措施：在突然断开遭到攻击的设备之前向计算机信息系统和 IT 安全专家发出警报，进行内部和外部通信，出于责任和保险的原因通知相关部门及人员（如有必要，通知法国国家网络安全局、信息专员），保存证据。

首席信息官和首席信息安全官将做出决定，阻止传播并隔离受影响的部分、公司的关键系统和站点，如有必要可停止传播以确保隔离。

事实上，最好将活动停止一天，以保护最关键的站点和最关键的活动，并重启可以恢复的内容。

应由事先指定的人员确保与公司经理和高管定期沟通，包括对事故和影响的解释、关于恢复措施的信息和临时时间表，还必须组织系统保护和恢复团队的实际工作。

必须在危机发生前确定联系人名单，不要忘记法务部门和律师、总管理层、董事会（董事会是否表明了希望被告知的严重程度）、独立的司法调查员、保险公司、外部审查员、危机沟通顾问。联系人名单须在危机发生前被确定（联系人的干预成本将更低，他们将了解公司、公司活动和主要风险），同时不要忘了投资者和客户。

网络攻击后通常是一阵沉默：一篇简洁的新闻稿后是一片寂静。

但是也有例外。2019 年 3 月，一种与 Altran 相同的恶意软件攻击了 Hydro，攻击发生后，Hydro 立即进行了广泛沟通，并向公众通报了所采取的措施。网站重新开放后，Hydro 定期向客户、供应商和投资者通报成本（网站显示 2019 年第一季度的财务影响在 4000 万 ~ 5000 万欧元）、进展和未解决的问题。具体而言，Hydro 要求他们在收到公司的请求时保持高度警惕，可以通过一些措施来合适请求的来源，如修改银行账户，联系 Hydro 服务部门等。正如弗雷德里克·查尔斯（绿色国际）所说，3 月 19 日—4 月初，该公司在网站上设置了一个专门的页面，内容包括新闻稿和定期更新。3 月 19 日还召开了新闻发布会，介绍了恶意软件对公司各项活动的影响情况，并告知能源生产未受影响。

Hydro 还公开了恢复人工程序以继续处理生产订单的情况。业务连续性计划显然奏效了。

4 月 2 日，当一切都好得多的时候，该公司甚至在 YouTube 上推出了一段视频，第一个受影响网站的员工讲述了他们的经历，解释了他们如何理解一些严重事情正在发生，他们如何在自己的工作中为服务的连续性做出贡献，以及他们如何在夜晚和周末加班加点来恢复业务。

这一攻击将导致至少 4000 万美元的收入损失和中断信息系统两周所产生的额外信息技术服务成本，但其他成本肯定会在未来几个月出现。Hydro 宣布它没有支付赎金，若支付赎金，则会损失一笔额外的费用。

与美国国际集团签订的保险单，将弥补部分运营损失。股价在危机开始时下跌，之后又回到了原来的水平。

Hydro 不得不面对的这场危机对沟通的组织方式和以下两个方面都具有启发性：

1）IT 架构：避免缺乏集中的 IT。事实上，必然集中的活动目录是病毒快速传播的手段。

2）公司信息系统和生产系统之间的联系：避免感染扩散。因此，有必要组织公司各部门和生产现场之间的信息流（双向），以便现场不受影响。

3）采取的措施：隔离恶意软件，防止其进一步传播。

4）采取逐个工作站恢复备份的措施，因为勒索软件修改了每个受感染工作站上的管理员访问权限。

由于网络攻击导致包括报告和计费系统在内的一些行政程序延迟，挪威水电集团挪威董事会将第一季度业绩的公布时间由 4 月 30 日推迟到 6 月 5 日。

2. 赎金的支付

2019 年 5 月 8 日，“罗宾汉”勒索软件封锁了美国巴尔的摩市的许多计算机系统。黑客要求赎金来换取解密，但遭到了该市政府的拒绝，他们不想屈服于勒索。两周后，行政服务仍然受阻，如纳税、收发电子邮件、发放许可证或分配财产。黑客控制了这座城市的 10000 台计算机。

根据专家的说法，对于最复杂的系统，服务恢复可能需要几周到几个月的时间。巴尔的摩市长表示：“我们的目标是恢复最重要的服务，同时确保最大限度的安全，这样袭击就不会再次发生。”

如上所述，支付赎金是不明智的。但是，除了防病毒软件、更新和对不安全站点或应用程序的有限访问之外，建议在两个不同的位置培训员工并进行每日自动备份，测试备份质量并保护恢复程序，以防止它们被病毒感染。

3. 中期管理

一旦采取了紧急措施，接下来就该展开调查了：调查事件原因和责任，向保险公司提出申报，定期就事实进行内部和外部沟通，改进安全流程和设备，以防止事件再次发生。

4. 长期管理

纠正措施、诉讼管理、安全和数据保护的反馈和改进，以及沟通管理都将列入公司的议程，不应被忽视：

1）主要教训是什么：我们是如何发现这一事件的？从外部，还是内部发现的？

2）我们有什么信息被窃取了？事态恶化了吗？

3）有什么影响？

4）是否有任何操作受到影响而被迫中断？

5）我们的危机管理计划是否按计划进行？

6）通知了谁？应该通知谁？法务部门是否参与并做好准备？

7）采取了哪些措施来确保攻击者不再能够访问数据？我们知道黑客是谁吗？

8）黑客利用了哪些漏洞？为什么会这样？

9）可以采取哪些措施来避免类似的攻击？

10）可以采取哪些措施来减少此事件造成的影响？

6.7　危机模拟

最好的危机准备是通过危机模拟来实现的。危机模拟使人们能够意识到攻击的影响，准备应对计划、应急措施并组建团队。

与火灾或地震演习一样，一些敏感的公司也模拟了网络危机，测试应对危机的准备程序。

危机想定设计必须适应公司的业务部门、流程和位置，因此受到网络风险图的启发，尽可能地逼真和有效（如赎金请求和无法访问数据、网站不可访问、消息不可用、生产站点关闭、云服务商停止提供服务）。

危机想定设计使得人们有可能对危机的整体管理进行试验，或者检查团队的成熟度，以便在根据预先准备的程序集体做出反应，而不惊慌失措。危机想定设计包括以下内容：

1）应急管理（避免传播）。

2）启动危机系统和团队。

3）程序的应用。

4）危机沟通（媒体、客户、员工、相关部门等）。

5）连续性和业务恢复。

对所有团队、基础设施和工具的模拟，使我们能够测试和改进流程和反应，以及改进事故发生时的实施计划。每一次事件都永远不会完全相同，但做出的反应相似。

小结 6.2　危机管理：五项建议

1）建立危机团队（信息技术、法律、人力资源、沟通、保险），随时联系他们。

2）为每项活动制订详细的备用计划，配置可由管理层使用的紧急消息系统，并为 IT 团队制订后勤计划，该团队将连续几天每天 24 小时动员。

3）组织替代生产单位（有可能是国外的）并确保供应商可以在系统能力降级模式下工作。

4）与服务提供商协商，让其在紧急情况下提供计算机。

5）计划要动员的审查员、律师、通信员和保险承保的程序。

结论

数字委员会

只要互联网没有被监管和治理，用户（个人和企业）就会一直不安全。政府必须在保护隐私权和出于安全的考虑监测通信（恐怖主义、恋童癖等）之间取得平衡。

此外，新技术在国际冲突（商业或政治）中被用于间谍和破坏活动。端到端加密技术使得拦截通信变得困难，因此黑客难以渗透到情报网络中。

因此，没有零风险这回事。尽管如此，董事会和高管参与到这一战略主题中是至关重要的：如果在上游解决安全问题并做出明智的决策，数字转型就会创造价值，这需要高管和董事具备以明智的方式理解和指导战略的技能。

设立以财务审查委员会为基础的数字委员会将是一个很好的做法。它将使审查网络安全系统成为可能：与数字战略相关的组织、流程、工具和培训，就像审查委员会通过其独立的观点使支持管理成为可能一样，以便通过确保财务信息、风险映射和内部控制的质量，使公司更具竞争力和效率。这个治理机构将加强治理实践，从而增强利益相关者的数字信任。

数字委员会将在独立专家（网络审查员）的协助下，帮助确保以下事项：

1）网络安全系统的相关性。

2）风险管理和流程实施过程的可靠性：识别、保护、检测、响应、恢复。

3）监控网络安全中的威胁、技术发展和最佳实践。

该数字委员会将与 CISO 和风险委员会或审查委员会建立联系，以确保风险图考虑到网络威胁和漏洞以及物理安全问题。

很可能在不久的将来，公司将被迫对其网络安全安排进行审查，而且审查员的任命是强制性的，超过一定规模，这将使董事会能够及时了解遇到的任何困难。

数字委员会可能会干预或让网络监听者参与以下特定操作：

1）审查合并 / 收购 / 处置交易。

2）安全政策审查。

3）关键供应商的选择。

4）合规性审查。

5）危机后调查。

最后，数字委员会将能够根据战略和企业社会责任，监测数字转型、技能发展和网络安全文化的社会和环境影响。

数字化转型尚未导致董事会真正地转型，无论是在董事会的组成、运营模式上，还是在考虑这些要承担的新风险上。

是时候该改革董事会和执行委员会了。

附　录

附录 A　网络安全检查表

A.1　威胁、风险、漏洞

A.1.1　威胁状态和话题性（经理）

1）热门话题（引用的来源）。

2）安全事件的数量：攻击和影响的类型（非公司）。

3）公司安全警报的数量：攻击的类型和影响。

4）工具的进化：扫描暗网和深网上的数据泄露。

5）要详细说明的事件类型：入侵企图、拒绝服务攻击、人为错误。

6）负责任的经理。

A.1.2　绘制极易受到网络攻击的活动（经理）的风险图

1）与业务相关的大多数公开的活动。

2）通过暴露活动，确定以下内容：

① 保护级别。

② 监控工具。

③ 观察到的事件（演变）。

④ 治疗期间的风险。

⑤ 未承保的风险。

⑥ 发现新的风险。

⑦ 负责任的经理。

A.1.3 公司（经理）的主要弱点

1）上一季度解决的关键漏洞数量。

2）需要优先解决的关键漏洞数量。

3）正在修复的漏洞的性质和数量。

A.2 检测 - 保护 - 反应系统安全策略项目和安全

A.2.1 检测保护反应系统（责任经理）

1）检测：工具、团队、警报流程。

2）保护如下系统 / 装置：

① 办公自动化：防病毒、更新和加密（处理百分比）。

② 应用服务器：防病毒、更新和加密（处理百分比）。

③ 网络。

④ 数据备份（地点、时间、加密）。

3）授权管理，认证系统。

4）物理访问安全性。

5）反应装置。

6）危机管理系统。

A.2.2 安全策略（责任经理）

1）文件清单和日期。

2）计划更新（取决于系统和事件演变功能）。

3）进行了审查。

4）按审查：未执行的建议数。

A.2.3 公司项目（经理）

1）远程工作。

2）网站。

3）云。

4）外部增长操作。

5）关键分包商。

A.3 行动计划、资源、资源整合

A.3.1 当前和未来的行动计划（领导者）

1）业务连续性测试的日期和目的。

2）测试结果。

3）入侵测试。

4）培训（和工作人员测试）：接受培训 / 提高认识的人数。

5）给员工的信息（事故、警戒点等）。

A.3.2 网络安全资源（负责经理）

1）预算。

2）投资。

3）人员配备。

A.3.3 合规部（责任经理）

1）投诉 / 诉讼 / 警报。

2）信息技术服务提供商合同。

3）关键供应商。

4）法规（NIS-GDPR-部门法规）。

5）正在进行的行动。

6）有待开展的行动。

附录B　在实践和日常基础上确保网络安全

1）管理密码。

2）管理对系统和应用程序的访问权限。

3）分区使用。

4）定义数字合作伙伴和服务提供商的规则。

5）定期更新所有硬件的软件。

6）培训员工（包括避免使用来历不明的u盘、未经事先授权安装软件、默认配置和未使用的功能）。

7）传播良好的行为准则。

8）禁用或删除默认账户、端口（USB或其他）和未使用的可移动媒体、非必要的网络服务等。

9）定期在不同的介质上备份数据和软件。

10）更新操作系统和安全应用程序。

11）通过个性化密码控制对生产设备的访问。

12）保护对SCADA（监控和数据采集）开发站、编程控制台、可编程逻辑控制器、手持终端等的物理和数字访问。

13）映射信息流，用防火墙过滤信息流，跟踪和分析连接故障。

14）分离网络（办公自动化、车间等）和生产岛之间的连接。

15）禁用远程访问、易受攻击和不安全的协议和功能。

16）将开发工具与生产服务器或操作员站分开。

17）确定要归档的文件和归档条件。

18）加密敏感数据。

19）测试备份恢复过程。

20）断开备份与信息系统的连接，并将备份保存在多个物理介质上。

21）确保分包商满足与要求相关的可接受的网络安全要求。

22）在营销关联对象的情况下，确保对客户数据的保护，集成适当的加密机制。

23）由第三方（如国家信息技术安全评估和认证部门）对产品和服务的一致性进行认证和审核。

24）使用国家网络安全部门认证的产品：数据擦除，安全存储，操作和虚拟化系统，防火墙，入侵检测，防病毒，恶意软件防护，安全管理和监督、识别、认证和访问控制，安全通信，安全消息传递，嵌入式硬件和软件，安全执行环境，可编程逻辑控制器，工业交换机。

附录 C　用于识别、保护、检测、培训、反应和恢复的工具

C.1　识别

1）威胁识别。

2）资产管理。

3）漏洞管理。

4）渗透测试。

C.2　保护

1）使用防病毒电子邮箱，用防火墙保护网络应用服务器。

2）入侵防御系统（IPS/IDS）：通过分析网络流量来检测与已知网络攻击相对应的特征。

3）数据：加密 / 解密工具、密钥管理、公钥基础设施（PKI）。

4）多因素身份验证。

5）身份和访问管理。

6）更新管理。

7）限制特定用户访问某些网站，以维护和遵守组织的政策和标准（端点保护）。

8）安全域名系统。

9）网页过滤：限制访问网站（如威胁组织的 IT 安全的网站），减少恶意软件感染，减少事故，减轻 IT 资源负担。

10）虚拟专用网络（VPN）是一种允许用户通过隔离流量在远程计算机之间创建直接链接的系统。该术语特别用于远程工作、访问云计算结构，以及多协议标签交换（MPLS）服务。

C.3　培训和治理

1）变革管理。

2）治理风险和合规性监控。

3）《通用数据保护条例》合规部。

4）网络安全培训。

C.4　检测

1）日志管理：日志收集、集中日志聚合、长期存储和保留时间、日志文件轮换、日志分析（实时和存储期后批量）、日志报告和研究、网络监控。

2）蜜罐：主动防御，包括在资源（服务器、程序、服务）上吸引公开的或潜在的对手，以便识别他们并可能压制他们。

3）预防数据丢失。

4）集中式管理服务器，处理三种类型的信息：移动信息（通过电子邮件、即时消息或网络广播）、存储信息（服务器上的静态数据）和处理信息（例如，从计算机传输到 u 盘或打印出来）。制定一项公司内部政策，对这些信息进行集中管理。

5）控制电子邮件流并将敏感电子邮件发送给经理，然后由经理决定是否发送电子邮件。

6）网络控制器：扫描网络活动、定位和控制信息的服务器。它能够根据公司的内部政策阻止某些违规行为，并阻止任何不良活动。

7）主机入侵检测系统或机器入侵检测系统。

8）文件完整性监控：跟踪对文件和文件夹创建、访问、查看、删除、修改、重命名文件的更改，对文件和文件夹上发生的更改发出实时警报。

9）反向代理 / 负载平衡器：通过内部身份验证源对用户进行身份验证的服务器的附加安全层。

C.5 反应应对

安全自动化和编排工具，旨在提高安全运营中心和分析师的生产力和效率（收集和关联来自不同安全系统的数据，协调事件响应和管理生命周期，进行事件检测和处理）。

C.6 恢复

1）备份。

2）修复。

词汇表

ANSSI：法国国家网络安全局

APT：高级持续威胁，不引人注意地获取数据的谨慎而耗时的入侵

BATX：百度、阿里巴巴、腾讯、小米，其中应该加上中国互联网巨头“华为”的“H”[㊀]

Botnet：僵尸网络：在网络上执行任务的计算机机器人网络

CERT：计算机应急小组

CIO：首席信息官

CISO：首席信息安全官

CNIL：法国国家信息自由委员会（法国监管机构，确保数据隐私法适用于个人数据的收集、存储和使用）

COSO：美国反虚假财务报告委员会发起人委员会

CRM：客户关系管理

DoS：拒绝服务

ENISA：欧洲网络和信息安全局

ERP：企业资源计划

FINMA：瑞士金融市场监管局

GAFAM：谷歌、苹果、脸书、亚马逊和微软

GDPR：《通用数据保护条例》

㊀ 译者注。

IoT：物联网，是指互联网与物体、场所、物理环境的互联

IT：信息技术

LPM：《法国军事规划法》

MELANI：瑞士信息保证注册和分析中心

NIS：《欧盟网络与信息系统安全指令》，2016 年 7 月 6 日通过的关于网络和信息系统安全的欧洲指令

Phishing：发送明显来自知名公司的电子邮件的欺诈行为，目的是诱使个人泄露个人信息，如密码、信用卡号或登录信息

Ransomware：通过网络在多台计算机上复制，锁定计算机或加密其数据以勒索用户钱财的恶意程序

Rootkits：它们允许远程访问和录制（相机）

SEC：美国证券交易委员会

SIEM：安全信息和事件管理

SOC：安全运营中心

Spyware：恶意软件，将自身安装在计算机或移动设备中，收集和传输寄居环境的信息，通常在用户不知情的情况下记录键盘和屏幕数据

Trojan horse：特洛伊木马（控制计算机的程序）

Virus：病毒（将自己与另一个程序联系在一起，并导致其发生故障的程序）

参考文献

Accenture (2019). Anticiper et minimiser l'impact d'un cyber risque sur votre entreprise. Rapport 2018 de la cyber-résilience.

ANSSI (2017). Guide d'hygiène informatique [Online]. Available at: https://www.ssi.gouv.fr/guide/guide-dhygiene-informatique/.

ANSSI (2018). EBIOS Risk Manager [Online]. Available at: https://www.ssi.gouv.fr/guide/la-methode-ebios-risk-manager-le-guide/.

APIA (2018). Gouvernance et rupture numérique. *Cahier APIA*, 26.

Bonime-Blanc, A. (2016). A Strategic Cyber-Roadmap for the Board. Harvard Law School Forum on Corporate Governance and Financial Regulation.

Canard, J. (2019). Les as de la cyberdéfense ont laissé traîné leurs petits secrets sur le Web. *Le Canard enchaîné*, 13 February.

Canton de Vaud (2018). Stratégie numérique du canton de Vaud. Communiqué du Conseil d'État, Lausanne.

CEIDIG (2017). *L'essentiel de la sécurité numérique pour les dirigeants*. Eyrolles, Paris.

Centre for Cybersecurity Belgium (2014). Cybersécurité : Guide pour les PME [Online]. Available at: https://ccb.belgium.be/fr/document/guide-pour-les-pme.

CIGREF (2014). L'entreprise 2020 à l'ère du numérique. Report [Online]. Available at: https://www.cigref.fr/publications-numeriques/ebook-cigref-entreprise-2020-enjeux-efis/files/assets/common/downloads/Entreprise%202020.pdf.

CIGREF (2018). Cybersécurité : Visualiser, comprendre, décider. Report [Online]. Available at: https://www.cigref.fr/publication-cybersecurite-visualiser-comprendre-decider.

CIGREF, AFAI-ISACA, IFACI (2019). Guide d'audit de la gouvernance du système d'information de l'entreprise numérique [Online]. Available at: https://www.cigref.fr/wp/wp-content/uploads/2019/03/2019-Guide-Audit-Gouvernance-Systeme-Information-Entreprise-Numerique-2eme-edition-Cigref-Afai-Ifaci.pdf.

Collins, A. (2019). The Global Risks Report 2019. World Economic Forum Report [Online]. Available at: http://www3.weforum.org/docs/WEF_Global_Risks_Report_2019.pdf.

Collomb, G. (2018). État de la menace liée au numérique en 2018. Communiqué de presse du ministère de l'Intérieur, Paris.

Cotelle, P., Wolf, P., Suzan, B. (2017). La maîtrise du risque cyber sur l'ensemble de la chaîne de sa valeur et son transfert vers l'assurance. Résultats du séminaire de recherche novembre 2015 July 2016 [Online]. Available at: https://www.irt-systemx.fr/wp-content/uploads/2016/11/ISX-IC-EIC-transfert-ris que-LIV-0401-v10_2016-10-25.pdf.

CTI (2017). La cybersécurité et les PME manufacturières. Rapport de l'Alliance industrie du futur [Online]. Available at: http://www.industrie-dufutur.org/Documents%20%C3%A0%20t%C3%A9l%C3%A9charger/cybersecurite-pme-manufacturieres/.

CVCI (2018). Les entreprises vaudoises face aux enjeux de la cybersécurité. Study [Online]. Available at: https://www.cvci.ch/fileadmin/documents/cvci.ch/pdf/Medias/publications/divers/12315_ENQUETE_CYBERSECURITE_PROD_PP.pdf.

DCPJ (2015). Réagir à une attaque informatique, 10 préconisations. Report [Online]. Available at: https://www.cybermalveillance.gouv.fr/wp-conte nt/uploads/2017/05/Livret-B5-SDLC.pdf.

DCRO (2018). Guiding principles for cyber risks governance. Report [Online]. Available at: https://www.assured.enterprises/wpcontent/uploads/2018/06/DCRO_Cybersecurity_web.pdf.

DEFR (2018). Norme minimale pour améliorer la résilience informatique [Online]. Available at: https://www.assured.enterprises/wpcontent/uploads/2018/06/DC RO_Cybersecurity_web.pdf.

Deloitte (2018). Assessing cyber risks. Critical questions for the board and the C-suite. Report [Online]. Available at: https://www2.deloitte.com/global/en/pages/risk/articles/assessing-cyber-risk.html.

ENISA (2018). Cybersecurity Culture Guidelines: Behavioural Aspects of Cybersecurity. Report [Online]. Available at: https://www.enisa.europa.eu/publications/cybersecurity-culture-guidelines-behavioural-aspects-of-cybersecurity.

FERMA (2017). FERMA ECIIA Cyber Risk Governance report 29 June 2017. Report [Online]. Available at: https://www.ferma.eu/publication/ferma-eciia-cyber-risk-governance-report/.

Gergorin, J.-L. and Isaac-Dognin, L. (2018). *Cyber. La guerre permanente*. Éditions du Cerf, Paris.

Goldstein, G.-P. (2018). Cyber-risques : Enjeux, approches et gouvernance. Rapport de l'Institut français de l'audit et du contrôle interne [Online]. Available at: https://www.ifaci.com/wp-content/uploads/Cyber-risques.pdf.

IFA, KPMG (2016). Rôle du comité d'audit en matière de cybersécurité. Report [Online]. Available at: https://home.kpmg/content/dam/kpmg/pdf/2016/07/FR-ACI-IFA-Guide-Cybersecurite.pdf.

Institut Montaigne (2018). Cybermenace, avis de tempête. Report [Online]. Available at: https://www.institutmontaigne.org/publications/cybermenace-avis-de-tempete.

Jacob, M. (2019). Kit de sensibilisation aux risques numériques [Online]. Available at: https://www.cybermalveillance.gouv.fr/contenus-de-sensibilisation/.

MELANI (2018). Sécurité de l'information : Aide-mémoire pour les PME. Report [Online]. Available at: file:///C:/Users/ISTE%20asus/Downloads/180525_Me-rkBlatt-Info-Sicherheit-KMU-fr.pdf.

Morgan, S. (2019). Top 5 Cybersecurity Facts, Figures, Predictions, and Statistics for 2019 to 2021. *Cybersecurityventures.com* [Online]. Available at: https://cybersecurityventures.com/top-5-cybersecurity-facts-figures-predictions-and-statistics-for-2019-to-2021/.

NACD (2017). Cyber risks oversight. Centre de ressources [Online]. Available at: https://www.nacdonline.org/insights/resource_center.cfm?ItemNumber =20789.

Palo Alto Networks (2015). Buyers guide cyber security. Guide.

Patin, D. (2017). Adopter le Cloud en toute sécurité. Guide pratique CEIS, en partenariat avec Business Digital Security et ATIPIC Avocat.

Saint-Gobain (2017). Document de référence 2017. Report [Online]. Available at: https://www.saint-gobain.com/sites/sgcom.master/files/saint-gobain-document-de-reference-2017.pdf.

Scor (2017). Cyber risk on the rise: From intangible threat to tangible (re)insurance solutions. Report, Scor Global P&C Strategy & Development.

Swiss Re Institute (2017). Cyber : Comment venir à bout d'un risque complexe ? Report.

Swisscom (2018). Cybersecurity 2018 : Intelligence artificielle, logiciels malveillants et crypto-monnaies. Report.

Untersinger, M. (2017). Le piratage de TV5 Monde vu de l'intérieur. *Le Monde*, 10 June [Online]. Available at: https://www.lemonde.fr/pixels/article/2017/06/10/le-piratage-de-tv5-monde-vu-de-l-interieur_5142046_4408996.html.